Tilo Pfeifer/Michael M. Richter (Hrsg.)
Diagnose von technischen Systemen

Tilo Pfeifer/Michael M. Richter (Hrsg.)

Diagnose von technischen Systemen

Grundlagen, Methoden und Perspektiven der Fehlerdiagnose

unter Mitarbeit von Klaus-Dieter Althoff, Benedikt Faupel, Frank Maurer und Klaus Nökel

DUV Springer Fachmedien Wiesbaden GmbH

Die Deutsche Bibliothek — CIP-Einheitsaufnahme

Diagnose von technischen Systemen : Grundlagen, Methoden
und Perspektiven der Fehlerdiagnose / Tilo Pfeifer ... (Hrsg.).
Unter Mitarb. von Klaus-Dieter Althoff ... — Wiesbaden :
DUV, Dt. Univ.-Verl., 1993
   (DUV : Informatik)

NE: Pfeifer, Tilo [Hrsg.]; Althoff, Klaus-Dieter

ISBN 978-3-8244-2045-2   ISBN 978-3-663-14645-2 (eBook)
DOI 10.1007/978-3-663-14645-2

Vorwort

Dieses Buch setzt sich mit der Fehlerdiagnose technischer Systeme auseinander. Ausgangspunkt und zentraler Kern war das Forschungsprojekt "Diagnose technischer Systeme" im Rahmen des von der Deutschen Forschungsgemeinschaft geförderten Sonderforschungsbereiches "Künstliche Intelligenz und Wissensbasierte Systeme" an der Universität Kaiserslautern. Das Projekt beinhaltete eine Gemeinschaftsarbeit mit dem Laboratorium für Werkzeugmaschinen und Betriebslehre (WZL) der RWTH Aachen. Dieser Zusammenarbeit lag die Einsicht zugrunde, daß zur Erstellung eines Expertensystems in einem hochkomplexen Anwendungsbereich verschiedenartige Strukturarbeiten sowohl von der Anwenderseite als auch von der Informatikseite zu leisten sind. So war denn auch das Erkennen grundlegender formaler Strukturen ein wesentlicher Teil der Arbeit, an der die einzelnen Anteile im nachhinein kaum mehr zu trennen sind.

Das Anwendungsgebiet ist die Fehlerdiagnose von CNC-Bearbeitungszentren (CNC = Computerized Numerical Control). Hier handelt es sich um Anwendungen von gleichzeitig hohem wissenschaftlichen wie auch wirtschaftlichen Interesse. In Ergänzung zu den zunächst erstellten Basisansätzen wurden in Kaiserslautern dann weitere Techniken der Künstlichen Intelligenz entwickelt, die wiederum mit den Wissenschaftlern des WZL abgestimmt wurden. Auf diese Weise entstand ein vielschichtiges Projekt mit dem Namen MOLTKE. MOLTKE steht dabei für "MOdels, Learning and Temporal Knowledge in Expert systems for technical diagnosis", womit die wichtigsten Einzelaktivitäten genannt sind: Der Einsatz von Maschinenmodellen, die Entwicklung von Lernverfahren und die Repräsentation zeitlich veränderlicher Situationen.

Dieses Buch soll einen Überblick über das MOLTKE-System geben und gleichzeitig die verschiedenen Entwicklungsstadien aufzeigen. Diese führen von Basisansätzen, die für eingeschränkte Anwendungen durchaus genügen, zur Einbeziehung fortgeschrittener Techniken der Künstlichen Intelligenz.

Der Leserkreis besteht sowohl aus Interessenten an der Künstlichen Intelligenz und ihren Anwendungen als auch aus Ingenieurwissenschaftlern und Anwendern, die sich über den Einsatz von wissensbasierten und Expertensystemen informieren möchten. Für große Teile des Buches sind zum Verständnis der wesentlichen Inhalte keine besonderen Vorkenntnisse nötig. Es wird jedoch empfohlen, einen Einführungstext in die Künstliche Intelligenz zu Rate zu ziehen.

Das Buch ist ein Gemeinschaftswerk der Verfasser. Die einzelnen Abschnitte sind jedoch von einzelnen Autoren verfaßt, die den vorliegenden Text formuliert haben und auf die auch die jeweiligen Forschungsergebnisse zurückgehen. Wichtige Resultate gehen auf fünf in diesem Zusammenhang entstandene Dissertationen zurück (K.-D. Althoff, B. Faupel, H. J. Held, K. Nökel und R. Rehbold). Neben den Autoren beruht das gesamte MOLTKE-Projekt aber auch auf der Mitarbeit von Studenten, die durch Ideen, Formulierungen und Implementierungen in verschiedenen Stadien sehr wesentlich zu seinem Fortschritt beigetragen haben, ja ohne die es in dieser Form gar nicht denkbar wäre. Konkret sind in diesen Text eingeflossen die Arbeiten von S. Germann [Germann 89], H. Hauck [Hauck 89], S. Kockskämper [Kockskämper 89], C. Moissiadis [Moissiadis 89], M. Stadler, R. Traphöner [Traphöner 92], S. Weß [Stadler, Weß 89] und W. Wernicke [Wernicke 90], B. Zimmer [Zimmer 89]. Der Mühe des Korrkturlesens unterzogen sich J. Paulokat, R. Präger, O. Wendel und S. Weß. Ihnen und den vielen weiteren am gesamten MOLTKE-Projekt Beteiligten sei herzlich gedankt.

M. M. Richter, Kaiserslautern   T. Pfeifer, Aachen

Inhalt

Teil 1 : Grundlagen

Michael M. Richter

Teil 3 : Erweiterungen

Robert Rehbold

Klaus-Dieter Althoff

Klaus Nökel

Anhang:

Einleitung

Dieses Buch wendet sich an Leser, die sowohl an Grundlagen und Anwendungen der Künstlichen Intelligenz in der Fehlerdiagnose im allgemeinen wie auch speziell im Bereiche komplexer technischer Geräte (z.B. Werkzeugmaschinen) interessiert sind. Es beschreibt die Entwicklung und den Aufbau des MOLTKE-Systems, wobei MOLTKE für "MOdels, Learning, Temporal Knowledge in Expert Systems for technical diagnosis" steht. Das MOLTKE-System stellt für die Diagnose eine vielfältige Auswahl von Mechanismen zur Verfügung, die in einem Gesamtsystem integriert sind. In den einzelnen Abschnitten werden sowohl die Basismechnismen dargestellt, diskutiert und bewertet wie auch spezielle Ergänzungen beschrieben und motiviert.

Das Buch zerfällt im wesentlichen in drei Teile. Der erste Teil enthält die allgemeinen Grundlagen, auf deren Basis das MOLTKE-System entstanden ist, die die Motivationen enthalten und die zum Verständnis notwendig sind. Unter theoretischen Grundlagen (Kap. I) werden diejenigen aus der Künstlichen Intelligenz verstanden. Sie ersetzen letztlich nicht das gründliche Studium eines Lehrbuches, erlauben dem Leser aber doch ein allgemeines Verständnis der Vorgehensweise und erläutern insbesondere die Bedeutung der Ausdrücke, die sowohl einen umgangsprachlichen Sinn wie auch eine formale Definition haben. Die Grundlagen aus dem Anwendungsbereich (Kap. II) beschreiben einerseits die Motivationen und Einflußfaktoren aus allgemeiner industrieller Sicht und geben andererseits eine kurze Darstellung der Technologie des Anwendungsgegenstandes, der CNC-Bearbeitungszentren. Dadurch soll dem von der Anwendung kommenden Leser die Einordnung eines Expertensystems in den klassischen Bereich der Fehlerdiagnose ermöglicht und dem auf der Informatik und Künstlichen Intelligenz aufbauenden Leser die Rolle des komplexen Anwendungsbereiches aufgezeigt werden. Auf diesen beiden Grundpfeilern werden dann in Kapitel III die möglichen Anforderungen an ein

Diagnosesystem diskutiert. Aus diesen Anforderungen resultieren nicht nur Sichtweisen zur Beschreibung der einzelnen Systemteile, sondern auch Bewertungsmaßstäbe. Die letzteren sind wiederum ein Anlaß, sich mit speziellen zusätzlichen Methoden zu beschäftigen.

Der zweite Teil enthält die Beschreibung der Basisansätze von MOLTKE. Ein solcher Basisansatz enthält keine grundsätzlich innovativen Ideen, er beschreibt vielmehr eine im Prinzip einfache und einleuchtende Methodik zur Entwicklung eines diagnostischen Systems. Es würde hier zu weit führen, die Vielzahl von bereits existierenden alternativen Ansätze auch nur in ihren Grundzügen zu beschreiben. Alle hier vorgestellten Ansätze enthalten so jeweils ein vollständiges Expertensystem zur Fehlerdiagnose, die sich jedoch auf mehrfache Art unterscheiden. Gemeinsam ist ihnen die grundsätzliche Perspektive, aus der ein Diagnoseprozeß betrachtet wird. Der Diagnostiker ist mit einer Situation konfrontiert, in der gewisse Merkmale auf ein fehlerhaftes Verhalten des zu untersuchenden Gerätes hinweisen. Es liegen jedoch gewöhnlich nicht genügend Informationen vor, die die genaue Fehlerursache zu bestimmen gestatten. Man ist deshalb daran interessiert, diese Information soweit zu vervollständigen, daß eine hinreichend präzise Diagnose gestellt werden kann. Diese Vorgehensweise stellt den *diagnostischen Prozeß* dar; ihn möglichst zweckmäßig zu gestalten, ist die Aufgabe eines Diagnosesystems. Der diagnostische Prozeß ist sehr wesentlich von Planungsaspekten bestimmt; dadurch wird das Finden der richtigen Diagnose, das eine analytische Klassifikationsaufgabe ist, mit synthetischen Planungselementen durchsetzt.

MOLTKE 1 (Kap. IV) und FOMEX (Kap. VI) stellen die beiden naheliegendsten Möglichkeiten für solch ein Expertensystem dar. MOLTKE 1 orientiert sich direkt und sehr eng an der Vorgehensweise in einem diagnostischen Prozeß. Der Diagnostiker versucht, einer Enddiagnose dadurch näher zu kommen, daß er seinen Informationsstand durch gezielte Ausführungen von Untersuchungen verbessert. Die auf Erfahrungen beruhenden Hinweise auf Diagnosen sind assoziativ und gewöhnlich mehr oder weniger undurchsichtig. Solche Assoziationen spielen ein tragende Rolle in populären Fernsehsendungen, wo "Experten" ein Musikstück am Flackern einer Kerze aufgrund der ausgesandten Schallwellen erkennen können und dergleichen mehr. Von einem wirklichen Verständnis kann hier natürlich keine Rede sein und die "Experten" wissen auch eigentlich fast nichts über ihren Gegenstand. In ihrer Tragweite sind derartige Methoden sehr begrenzt. In MOLTKE 1 werden bereits grundlegende Mechanismen und Formalismen zur Repräsentation von Wissen eingeführt, die teilweise erst später ihre volle Bedeutung erkennen lassen.

Die fehlerorientierte Variante FOMEX kennt bereits die Aufspaltung des Wissens in zwei grundlegend unterschiedliche Kategorien. Es trennt das heuristische Vorgehen, das in bestimmten Strategien dargestellt ist, von vorgehensunabhängigem Wissen über Fehler. Diese Trennung ist aus mehreren Gründen von Bedeutung. Zum einen kommen diese Wissensinhalte aus verschiedenen Wissensquellen; Heuristiken stammen meist aus der Erfahrung eines Servicetechnikers, wohingegen allgemeine Kenntnisse über Fehlermöglichkeiten z.B. aus einer Maschinenbeschreibung resultieren können. Strukturelle Kenntnisse über Maschinen und ihre Fehler haben einen weniger "magischen" Charakter als die erwähnten Assoziationen, sie stellen die Erkenntnisse auf eine rationale Grundlage. Dagegen können spezielle Kenntnisse bei einer leicht veränderten Maschine auch wieder ungültig werden, während Erfahrungen relativ stabil gegenüber leichten Variationen der Maschinen sind.

Das System PEX (Kap V) stellt eine prozedurale Variante von MOLTKE 1 dar, die im wesentlichen in der Terminologie der Fehlersuchlaufpläne formuliert ist. Fehlersuchlaufpläne sind das klassische Hilfsmittel des ohne ein Expertensystem arbeitenden Diagnostikers. Sie sind ausschließlich vorgehensorientiert und lassen sich oft bereits als eine Art Flußdiagramm von Programmen auffassen. PEX ist gewissermaßen eine "handcompilierte" Form von MOLTKE 1; wir werden an diesem Beispiel die Vor- und Nachteile der prozeduralen und der regelbasierten Programmierung diskutieren können.

MOLTKE 2[1] (Kap. VII) integriert schließlich MOLTKE 1 und FOMEX und baut sie aus; es wird hier bereits eine allgemeine Diagnose-Shell zur Ver-

---

[1]In der Literatur zu MOLTKE wird dies als MOLTKE 3 bezeichnet, da in der Historie der Prototyp für die Shell mitgezählt wird.

fügung gestellt. Die verwendeten Primitiva erlauben dabei, die Lücke zwischen der Ausdrucksweise des Experten und der Terminologie des Systemerstellers erheblich zu verkleinern. In Kapitel VIII werden die Basisansätze in bezug auf die früher aufgestellten Anforderungen hin diskutiert und miteinander verglichen. Diese Analyse führt zu bestimmten Defiziten von MOLTKE 2. Sie bestehen darin, daß sich manche für den Diagnoseprozeß sehr wichtige Überlegungen und das dazu gehörige Wissen nicht adäquat in MOLTKE 2 ausdrücken lassen. Es ergab sich so der Anlaß zu Erweiterungen, die im dritten Teil vorgestellt werden. Gerade die hier behandelten Techniken haben MOLTKE seinen Namen gegeben.

In Kapitel IX werden explizite Maschinenmodellierungen auf verschiedenen Abstraktionsstufen eingeführt. Anhand eines solchen Modelles kann, wenn es nur hinreichend genau ist, stets ein möglicher Fehler lokalisiert werden. Dadurch wird letztendlich die Fehlersuche auf eine heuristikfreie und gültige Basis gestellt; das Modell enthält exaktes und unangreifbares Wissen. Die Modellierung der Maschine muß dabei verschiedene strukturelle Abhängigkeiten reflektieren. In einer alphabetischen Auflistung der Teile wäre das beispielsweise nicht gegeben, eher schon in einer hierarchischen Beschreibung nach Komponenten.

Trotz seiner Gültigkeit ist dieses Wissen als alleinige Wissensquelle zur Fehlersuche unzureichend, weil es oft zu ineffizienten Vorgehensweisen führt. Ein erfahrener Diagnostiker (der eben in der Vorgehensweise geübt ist) zeichnet sich hingegen dadurch aus, daß er relativ schnell zu einer oft nicht ganz korrekten, aber brauchbaren Annäherung an die Diagnose kommt. Diese Erfahrung beruht nun nicht auf einer plötzlichen Einsicht, sondern auf einem mehr oder weniger langwierigen Lernprozeß. Anders als bei strukturellem Wissen lassen sich Erfahrungen jedoch nur unzureichend ein für alle Mal in einem System notieren, sondern sie müssen mit dem Gebrauch des Systems wachsen, sozusagen als "Training on the job". In Kapitel X werden Methoden entwickelt, die Erfahrungen in Lernprozesse einbringen und in Form von Analogieschlüssen verwenden können.

Kapitel XI beschäftigt sich schließlich mit der Frage dynamisch veränderlicher Situationen. Häufig ist es so, daß ein bestimmter Fehler nicht durch die Betrachtung des fraglichen Objektes zu einem bestimmten Zeitpunkt alleine, sondern erst durch gewisse Ereignisse in ihrem zeitlichen Ablauf lokalisiert werden kann. Dazu müssen einige grundsätzliche Überlegungen über die Zeit und Darstellungen von Prozessen in der Zeit erfolgen. Kapitel XI stellt Möglichkeiten zur Repräsentation zeitlich verteilter Ereignisse vor.

Insgesamt sind die hier diskutierten Erweiterungen wie alle vorgestellten Ansätze keine isolierten Entwicklungen, sondern sie sind insgesamt in das MOLTKE-System integriert. Das hat den allgemeine Anforderungen an das System betreffs der Möglichkeit von Erweiterungen gestellt. Bei der Erstellung eines solch großen Systems ergeben sich auch naturgemäß Fragen des Softwareengineering. Man kann und sollte den Verlauf von der Wissensakquisition bis zur Implementierung überhaupt auch als einen Softwareengineeringprozeß begreifen. Er spielt sich im Spannungsfeld Mensch-Maschine ab. Bei der Wissensakquisition ist er noch überwiegend dem Menschen zugewandt und geht dann mehr und mehr auf maschinelle Aspekte über. Softwareengineering unterstützte bisher weitgehend nur reine Programmierfragen; dies ist aber im Wandel begriffen. (Es sei nur auf die Bemühungen im sog. KADS-Ansatz [Br-Wi 89] hingewiesen.) Auch Methoden wie die hier erarbeiteten können helfen, die Lücke zu schließen.

Am besten läßt sich das integrierte MOLTKE-System als "Werkbank" verstellen. Die einzelnen Teile sind zusammengefaßt, ohne daß von einem Teil das Funktionieren des Ganzen abhängt. Alle Teile sind austauschbar und können auch abgeschaltet werden. Damit dient die Werkbank einem wesentlichen Zweck, nämlich zu experimentieren und Erfahrungen zu sammeln.

Kapitel XII gibt abschließend einige Erläuterungen zur Darstellungs- und Implementierungsweise. Um die gesamte Darstellung möglichst konkret zu gestalten, sind an vielen Stellen Beispiele in formaler oder implementierungsnaher Sprache formuliert. Zum inhaltlichen Verständnis ist jedoch eine genaue Kenntnis der Implementierungssprache (Smalltalk 80) keineswegs nötig. Die meisten Ausdrucksweisen sind bezüglich ihrer Bedeutung selbsterklärend. Man kann sie als Beschreibungen von Tatsachen, Regeln, Hierarchien oder Algorithmen auffassen; es ist aus dieser Sicht mehr eine Zugabe, daß es sich bereits um ausführbare Programme handelt. Kapitel XII gibt hierzu gegebenenfalls die nötigen Hilfen.

Bei der Darstellung der einzelnen Systeme wird im Prinzip ein einheitliches Muster zugrunde gelegt. Zu Anfang müssen die Beschreibungselemente, also die grundlegenden Ausdrucksweisen erklärt werden. Sodann interessiert die Funktionalität, wie sie der Benutzer sieht, also das Ein-/Ausgabeverhalten. Das dritte Element ist die Architektur des Systems, die das gewünschte Verhalten realisiert. Abschließend kann dann eine Diskussion und Bewertung des Systems erfolgen. In den Beschreibungen der Begriffswelten des MOLTKE-Systems werden häufig Ausdrucksweisen verwandt, deren normale umgangssprachliche Bedeutung nicht direkt ersichtlich ist oder eingeschränkt oder modifiziert worden ist. Um die intendierte Bedeutung klar zu machen und zur Vermeidung von Mißverständnissen werden (informelle) Begriffsbestimmungen folgender Art benutzt:

Inkrementelles Lernen: Ein Lernverfahren, das in der Lage ist, nach einem Lernschritt neue Daten zur Verbesserung vorangegangener Lernergebnisse zu verwenden.

Diese Begriffsbestimmungen unterscheiden wir auch im Layout von formalen Definitionen der Art:

I.2. Definition: Situation
Eine Situation (oder synonym Informationsvektor) ist ein mit den Symptomen indiziertes Tupel mit Werten $x_S \in W(S)$. Dabei heißt x_S auch der Wert von s in der Situation Sit.

Solche Definitionen werden dann eingeführt, wenn sie im System selbst formal repräsentiert sind. Häufig stellen wir ein Konzept zuerst durch eine informelle Begriffsbestimmung vor (was manchem Leser vielleicht auch genügt) und präzisieren diese später durch eine formale Definition.

Die Definitionen, Abbildungen etc. sind innerhalb eines Abschnittes fortlaufend durchnumeriert.

I Theoretische Grundlagen

I.1 Allgemeine Diagnostik

In diesem Abschnitt wollen wir die wichtigsten für Diagnosesysteme relevanten Grundbegriffe aufführen und rekapitulieren, um den Text im wesentlichen aus sich heraus verständlich zu machen. Es soll hier weder eine allgemeine Einführung in die Künstliche Intelligenz noch in die Expertensystemtechnologie gegeben werden, dazu verweisen wir etwa auf [Richter 89] oder [Puppe 87].

In jeder Diagnosesituation treten die folgenden drei, vorerst informell beschriebenen Grundbegriffe auf:

Symptom, Meßgröße Ein Symptom beschreibt einen meßbaren Teil des Zustandes des zu diagnostizierenden Systems. Ein aktuell gemessener Wert eines Symptoms wird als *Symptomwert* oder *Symptomausprägung* bezeichnet. Zu jedem Symptom gehören Name, Wertebereich und evtl. andere Informationen (z.B. Wichtigkeit). Falls der Wert nicht bekannt ist, wird der Defaultwert *unknown* gesetzt.

Test, Untersuchung Ein Test bestimmt einen oder mehrere Symptomwerte. Dies kann durch Sensoren, Fragen an den Benutzer oder durch Berechnungen aufgrund bereits bekannter Werte geschehen. Im letzteren Falle sprechen wir von *funktionalen Tests*. Falls mehrere Werte erfaßt werden, heißt der Test *komplex*, andernfalls *atomar*.

Fehler, Diagnose   Ein Fehler wird in Termini von Symptomausprägungen beschrieben. Jeder Fehler hat einen Namen.

Der Gebrauch des Wortes "Symptom" entspricht nicht ganz dem normalen Sprachgebrauch, wo "Symptom" mehr in der Bedeutung "pathologischer Meßwert" verwandt wird. Andererseits existiert in der Umgangssprache kein einfacher Ausdruck zu dem Begriff, der hier mit "Symptom" bezeichnet wird. Aber auch der Begriff "Meßgröße" ist etwas verallgemeinert. Es sind nämlich nicht nur Messungen im üblichen technischen Sinn gemeint, sondern auch menschliche Beobachtungen oder Fragen, die durch "ja" oder "nein" beantwortet werden können.

Im Laufe des Diagnoseprozesses werden nicht unbedingt alle Symptomwerte erfaßt. Deshalb unterscheidet man häufig zwei Arten von unbekannten Symptomausprägungen: *unknown* (es wurde noch kein Versuch unternommen, den Wert zu bestimmen) und *user-does-not-know* (der Wert konnte nicht bestimmt werden). Gegebenenfalls kann man den Wert für "unknown" auch noch weiter aufspalten, z.B in "kann noch gemessen werden" und "Messung nicht möglich".

Der Begriff "Fehler" wird hier grundsätzlich im Sinne von "Beschreibung der Fehlerursache", d.h. "Diagnose" und nicht im Sinne von "Fehlerauswirkung" oder "Fehleranzeige" gebraucht. Der Name des Fehlers, z.B. "Endschalter verklebt", soll dann suggestiv auf die Fehlerursache selbst hinweisen. Die drei Arten von stets vorkommenden Grundbegriffen können unterschiedlich komplex strukturiert sein. Sie stehen in einem Zusammenhang, der sich durch ein einfaches semantisches Netz ausdrücken läßt:

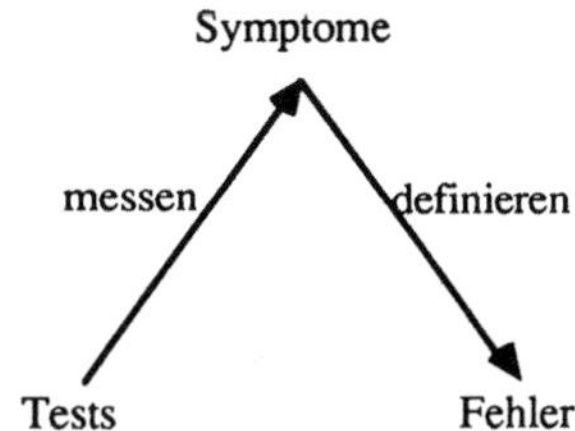

Abbildung I.1 - Grundelemente

Mit Fehlerdefinitionen sind primär drei Probleme verbunden:

1) Fehlerdefinitionen sind häufig nicht exakt. So möchte man etwa lieber einfach "lautes Geräusch" sagen und dafür nicht gerne eine Grenze scharf in Dezibel angeben; man hat es gewissermaßen nur mit einer informellen Beschreibung zu tun. Zur Verarbeitung werden dann Mechanismen für Unsicherheit oder Vagheit benötigt.

2) Ein weiteres Problem ist, daß die eigentlichen "Fehlerdefinitionen" auf nicht beobachtbaren Größen beruhen könnten (z.B. bei einem nicht zugänglichen Teil); eine derartige Beschreibung ist aber praktisch sinnlos. Die Fehlerdefinitionen haben also grundsätzlich in Termini von beobachtbaren Größen zu erfolgen. Dabei ist nun zu beachten, daß solche exakten Definitionen nicht immer erhältlich sind. Teilweise müssen beobachtbare Größen als Indikatoren für Fehlerursachen oder Krankheiten verwendet werden. Das ändert aber an der grundsätzlichen Vorgehensweise wenig da man sich bei der Diagnose sowieso in einem Zustand unvollständiger Information befindet (es sind eben nicht alle Symptomwerte bekannt). Diese Zustand wird u.U. auch nie ganz behoben.

3) Das Nichtvorliegen eines Fehlers ist häufig nicht durch die formale Negation der Fehlerdefinition gegeben. Man redet vielmehr davon, daß ein Fehler oder eine Diagnose unter gewissen Umständen akzeptiert und unter anderen zurückgewiesen wird. Das bedeutet de facto das Vorhandensein von zwei Beschreibungen F+ und F- für die Akzeptanz und die Zurückweisung einer Fehlerdiagnose. Unvollständiges Bereichswissen spiegelt sich einerseits darin wider, daß nicht notwendig eine der beiden Beschreibungen F+ oder F- zutreffen muß. Das tritt genau dann ein, wenn bestimmte Fälle von keiner der beiden Beschreibungen erfaßt werden. Andererseits kann sich eine Inkonsistenz der Datenbasis auch darin ausdrücken, daß beide Beschreibungen zutreffen. In aller Regel handelt es sich aber in solchen Fällen auch wieder um unvollständiges Wissen, weil es häufig einen verborgenen Parameter gibt, der die beschriebene Situation für F+ und F- doch noch unterscheidet. So etwas sollte dann Anlaß zu einer Warnmeldung geben.

Auf den Grundbegriffen basieren eine Reihe von sekundären Konzepten:

Verfeinerung von Diagnosen Ein Fehler kann auf verschiedenen Abstraktionsstufen beschrieben werden. Dies entspricht in der Diagnostik dem Stellen von *Grob-* und *Feindiagnosen*. Ein Fehler, der eine genauere Beschreibung einer Grobdiagnose darstellt, wird als *Verfeinerung* bezeichnet. Durch diese Verfeinerungen entsteht eine *Fehlerhierarchie*.

Situation, Informationsvektor Eine Situation ist ein mit den Symptomen indizierter Vektor, dessen Werte (zu einem bestimmten Zeitpunkt bekannte) Symptomausprägungen oder einer der Werte für "unbekannt" sind. Die bekannten Symptomausprägungen charakterisieren dabei die Situation. Sie heißt *vollständig*, wenn die Werte aller Symptome bekannt sind. Situationen werden durch Tests verändert.

Informationsgraph Ein Graph, dessen Knoten Situationen sind und dessen Pfeile den Informationsgewinn durch Untersuchungen repräsentieren.

Abhilfemaßnahme Unter Abhilfemaßnahmen versteht man die Beschreibung der Aktionen, die unternommen werden müssen, um einen Fehler zu beheben oder seine Folgen zu begrenzen.

Der Informationsgehalt einer Situation ist für eine Diagnosestellung normalerweise unzureichend, erst wenn man genügend Information hat, kann man die Enddiagnose erstellen. Man verbessert daher durch Untersuchungen die Situation, d.h. die Informationslage, fortlaufend bis eine Diagnose möglich ist:

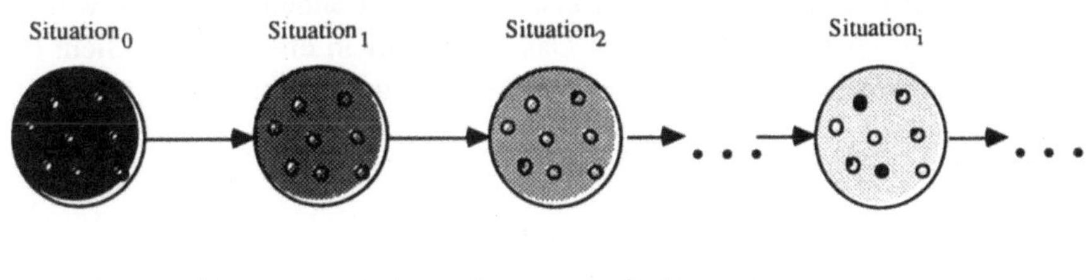

Abbildung I.2 – Pfad im Informationsgraphen

Selbstverständlich kann man auch auf unterschiedlichen Wegen, wie durch die Pfeile angedeutet, zu einer Diagnose gelangen:

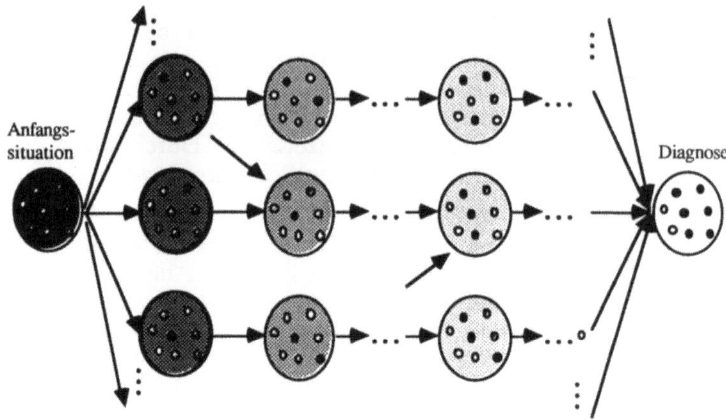

Abbildung I.3 – Informationsgraph

Pfade in diesem angedeuteten Graphen zur Diagnose können verschieden gut sein, weil die Gewinnung von Information nicht kostenfrei ist. Man ist daher an möglichst optimalen Pfaden mit wenigen und preiswerten Tests zur Gewinnung einer Enddiagnose interessiert. Konkret resultiert das in der Frage:

Wie verbessere ich meinen Informationsgehalt auf die vernünftigste Weise?

Abstrakt gesehen haben wir es bei einer Diagnose also fast ausschließlich mit unvollständigen Informationen zu tun. Ziel ist einerseits das Erstellen einer Diagnose, falls schon möglich oder erwünscht, oder andererseits eine weitere Verbesserung der Informationslage. Das fassen wir in einer groben Sicht der funktionalen Arbeitsweise eines Diagnosesystems zusammen:

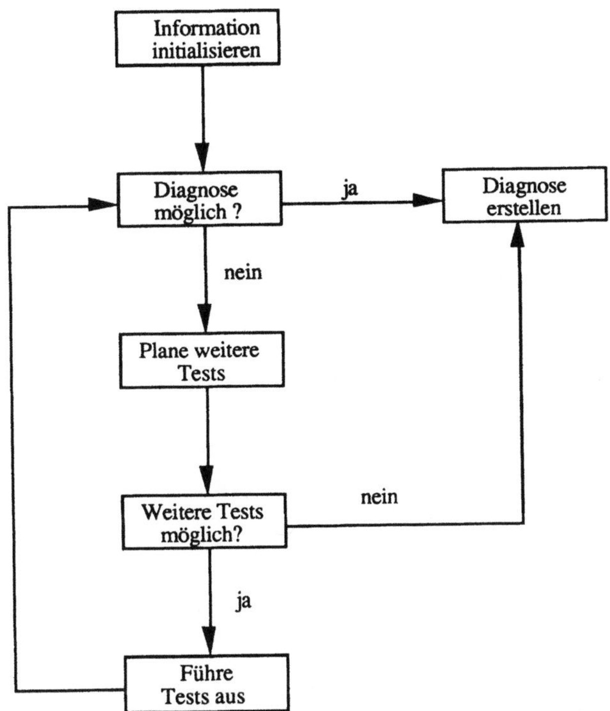

Abbildung I.4 – Top-Level-Diagramm des Diagnoseprozesses

Wir bezeichnen dieses Schaubild auch als das *Top-Level-Diagramm* des Diagnoseprozesses. Es hat viele Variationen und Verfeinerungen. Wie diese im einzelnen aussehen und welche zusätzlichen Komponenten und Besonderheiten (etwa für Wissensakquisition oder Erklärung) vorhanden sind, kennzeichnet dann gerade ein konkretes Diagnosesystem. Eine Möglichkeit sieht so aus:

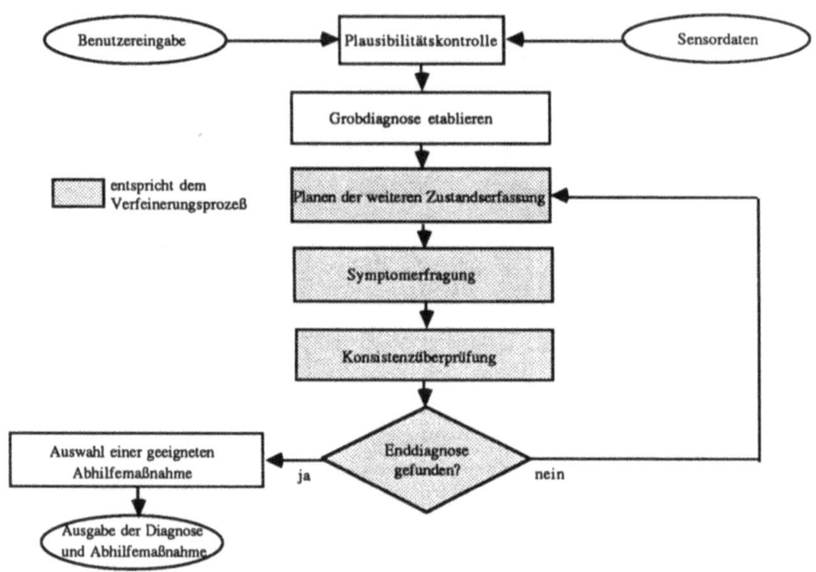

Abbildung I.5 – Verfeinertes Top-Level-Diagramm

Dieses Diagramm liegt dem System MOLTKE-2 (vgl. Kapitel.VII) zugrunde.
Die Vorgehensweise, erst eine Grobdiagnose zu etablieren und sie dann zu
verfeinern, läuft auch unter der schlagwortartigen Bezeichnung *"Establish and
Refine"*. Es sollte aber angemerkt werden, daß eine formulierte (Grob)
Diagnose nicht unbedingt zutreffen muß. Sie hat vielmehr den Charakter einer
Hypothese.

Die bisherigen informellen Beschreibungen werden nun durch formale
Definitionen abgerundet.

I.1. Definition: Symptom
Ein Symptom S ist gegeben als ein Tripel (Name(S), Werte(S), s), wobei
- Werte(S) = W(S) = $\underline{W}$(S) » {unbekannt};
- $\underline{W}$(S) die eigentliche Wertemenge ist, meist Zahlen, Boole'sche Werte,
Strings oder Symbole; oft ist W(S) durch eine Relation $\geq_S$ geordnet;
- s eine Variable über dem Bereich W(S) ist, die sog. Symptomvariable; ihr
Defaultwert ist "unbekannt".
Ein Symptom wird häufig mit seinem Namen oder Wertebereich identifiziert.

I.2. Definition: Situation

Eine Situation (oder Informationsvektor) Sit ist ein mit den Symptomen indiziertes Tupel mit Werten x_S ™ $W(S)$. Dabei heißt x_S auch der Wert von s in der Situation Sit.

I.3. Definition: Informationsgraph

Die Knoten dieses Graphen sind mit Situationen und seine Kanten mit Untersuchungen indiziert. Eine solche Kante führt von Sit_1 zu Sit_2, wenn Sit_2 aus Sit_1 durch den Informationsgewinn der entsprechenden Untersuchung gewonnen werden kann.

I.4. Definition: Universum

Die Symptomwertebereiche seien $W(S_1)$, ..., $W(S_n)$.
Das Universum ist das kartesische Produkt $U = W(S_1) \approx ... \approx W(S_n)$.

Formal werden Fehler durch Formeln der Prädikatenlogik erster Stufe dargestellt. Wir begnügen uns hier mit recht einfachen Formeln; für die meisten (und insbesondere die hier behandelten) Fälle reicht das aus.

I.5. Definition: Diagnoseformeln

Atomformeln sind von der Gestalt a(operator)b, wobei a und b Symptomausprägungen oder Symptomvariablen sind und (operator) ein (Vergleichs-)Operator zwischen Symptomausprägungen ist.
Diagnoseformeln sind Boole'sche Kombinationen von Atomformeln.

Ein Beispiel für eine Diagnoseformel ist :

$(Schalter_1 = ein)$ å $(Schalter_2 = aus)$ å $(Öldruck \leq 100)$

Die Symptomvariablen sind dabei $Schalter_1$, $Schalter_2$ und Öldruck: Die Werte "ein", "aus" sowie "100" müssen aus den jeweiligen Wertebereichen sein. $Schalter_1$ und $Schalter_2$ sind zwar ganz konkrete Schalter (und "Öldruck" ist ein bestimmter Öldruck), ihre Zustände werden jedoch erst durch die aktuelle Situation bestimmt. Deshalb sind sie hier Variablen, die durch eine aktuelle Situation ihre Werte zugewiesen bekommen. In etwas allgemeineren Fällen können statt der Variablen und Symptomwerte noch Terme zugelassen werden, also Ausdrücke, in denen noch weitere (z.B. numerische) Operatoren vorkommen: Ein Beispiel dazu wäre (Öldruck $\leq$ min + 20). Außerdem wäre eine Formel wie $Schalter_1 = Schalter_2$ erlaubt.

Den Diagnoseformeln lassen sich nicht sofort Wahrheitswerte zuordnen, denn der Wahrheitsgehalt von z.B. "(Öldruck $\leq$ 100)" steht erst dann fest, wenn der fragliche Öldruck bekannt ist. Sind die Werte der Symptomvariablen bekannt, lassen sich den Diagnoseformeln auf die übliche Weise Wahrheitswerte zuordnen. Die Zuordnung der Werte zu (einigen) Variablen ist durch eine Situation (einen Informationsvektor) gegeben. Was machen wir aber, wenn der Wert unbekannt ist? Es ist sinnvoll, dafür einen Wahrheitswert UNKNOWN einzuführen. Ein unbekannter Wahrheitswert muß formal von einer nicht gemessenen Meßgröße unterschieden werden. Bei der letzteren hatten wir verschiedene Ursachen lokalisiert: Die Zuordnung eines Wahrheitswertes geschieht jedoch unabhängig davon, auf welche Weise der Symptomwert unbekannt ist.

<u>I.6. Definition: Wahrheitswerte</u>
Es gibt drei Wahrheitswerte TRUE, FALSE und UNKNOWN.
In einer Situation Sit = $(x_{Si} \mid i = 1,...,n)$ ist der Wahrheitswert einer
Atomformel a(op)b
- UNKNOWN, falls a oder b eine Symptomvariable ist, deren Wert in Sit unbekannt ist;
- andernfalls der durch Anwendung des Operators op auf a und b (bzw. im Falle von Variablen auf Werte von a und b) erhaltene Wahrheitswert.

Falls nun jeder Diagnose F sowohl eine bestätigende Formel F+ wie auch eine ablehnende Formel F- zugeordnet wird, ergeben sich eine Reihe neuer Ausdrucksmöglichkeiten. Mit Hilfe der Wahrheitswerte erklären wir die Berechnung des *Status eines Fehlers* F aus den logischen Werten seiner F+ und F- Formeln nach folgender Tabelle:

F+	F-	F
TRUE	TRUE	CONTROVERSAL
TRUE	UNKNOWN	CONFIRMED
TRUE	FALSE	TRUE
UNKNOWN	TRUE	RERJECTED
UNKNOWN	UNKNOWN	POSSIBLE
UNKNOWN	FALSE	UNDENIABLE
FALSE	TRUE	FALSE
FALSE	UNKNOWN	UNPROVABLE
FALSE	FALSE	INDIFFERENT

Abbildung I.6 - Wahrheitswerte

Der Status hat dabei die durch die Bezeichnungen angedeuteten Intentionen. Die Werte INDIFFERENT und CONTROVERSAL weisen auf eine Inkonsistenz in der Wissensbasis hin, da sich die Ergebnisse der Evaluation der beiden Formeln widersprechen. Dadurch bricht dann nicht, wie bei einem logischen System, der Inferenzmechanismus zusammen, aber man kann, wie schon gesagt, eine entsprechende Meldung ausgeben.

I.2 Modellbasierte Diagnose

I.2.1 Vorbemerkungen

Üblicherweise besitzen Diagnose-Expertensysteme nur wenig Wissen über Struktur und Funktion des zu untersuchenden Systems. Im Falle von MOLTKE sind dies komplexe, durch Computer gesteuerte Werkzeugmaschinen, die CNC-Bearbeitungszentren (CNC = "Computer-Numerical-Controlled), auf die in Abschnitt II noch eingegangen wird. Gerade das grundsätzliche Verständnis der Arbeitsweise einer Maschine erlaubt es dem Techniker, Fehler zu finden, selbst wenn er diese noch nicht aus Erfahrung kennt (wie das z.B. bei frisch ausgebildeten Servicetechnikern der Fall ist). Eine in der speziellen Maschine unerfahrene, aber allgemein technisch versierte Person wird mit Hilfe von technischen Zeichnungen und Plänen der Maschine keine Schwierigkeiten haben, "übliche" Fehler zu finden, wenn sie auch evtl. dafür länger braucht als ein erfahrener Servicefachmann. Ähnliches Verhalten möchte man auch bei Expertensystemen erreichen, da zum einen Erfahrungswissen häufig nur schwer zu bekommen ist, zum anderen Expertensysteme mit der Auslieferung der ersten Maschinen verfügbar sein sollen, wenn Wartungserfahrungen noch gar nicht vorliegen können. Darüber hinaus ist es zweckmäßig, Erfahrungen durch exaktes technisches Wissen zu ergänzen, um Vermutungen über Zusammenhänge und Fehlerursachen gegebenenfalls verifizieren zu können.

Wissen um technische Zusammenhänge wird zusammen mit dem konkreten Wissen über den Aufbau einer bestimmten Maschine üblicherweise als "tiefes Wissen" (deep knowledge) oder als Modell der Maschine bezeichnet. In Diagnose-Systemen wird jedoch nahezu ausschließlich "flaches Wissen" (shallow knowledge) verwendet, das Zusammenhänge unabhängig von funktionalen oder sonstigen Begründungen direkt herstellt. Dieses assoziative Wissen wird meistens in Regelform dargestellt. im Unterschied zum meist ausschließlich verwendeten "flachen Wissen" (shallow knowledge), das Zusammenhänge direkt herstellt, unabhängig von einer eventuellen funktionalen oder sonstigen Begründung, und das meistens in Regelform dargestellt wird. Üblicherweise wird ein evtl. recht zufällig gewählter Ausschnitt der kausalen und funktionalen Zusammenhänge in Regelform gebracht und in das System integriert. Dabei werden die ausgewählten kausalen (tiefen) Beziehungen zu assoziativem (flachem) Wissen compiliert; der Unterschied zwischen Wissen, das in der Struktur begründet ist, und solchem, das aufgrund von Erfahrung gewonnen wurde, wird verwischt. Außerdem geht die kausale Erklärungs- fähigkeit verloren. Ein weiterer Nachteil dieser Vorgehensweise ist die schlechte Adaptierbarkeit des so entstandenen Systems an ähnlich aufgebaute Maschinen. Hier ist jedesmal aufs neue die Auswahl der zu repräsentierenden kausalen Zusammenhänge zu treffen und die Übertragung in Regelform durchzuführen.

Es ist natürlich auch ein Problem, Modellwissen über eine spezielle Maschine zu erhalten. Normalerweise liegen Baupläne vor, die alle Einzelheiten detaillieren, aber keine Zusammenhänge auf höheren Abstraktionsebenen enthalten und auch keine Hintergrundinformationen bereitstellen. Es besteht daher der Wunsch, mit allgemeinem technischen Wissen die Modellierung einer Maschine aus den Bauplänen heraus zu automatisieren. Idealerweise werden dazu die Daten aus der computergestützten Design- und Konstruktions- phase der Maschine direkt genutzt. Insgesamt kann die modellbasierte Vorgehensweise auf verschiedenen Stufen und bei verschiedenen Problemen helfen, die bei technischen Diagnosesystemen auftauchen:

Diagnosesteuerung Aufgrund eines hierarchischen Modells der Maschine ist ein struktur- und funktionsorientiertes Vorgehen bei der Diagnose möglich, bei dem sowohl kausales als auch heuristisches Wissen berücksichtigt wird. Insbesondere gehört hierzu die Auswahl eines geeigneten Meßpunktes in einer gegebenen Situation, durch dessen Beobachtung der Diagnoseprozeß möglichst weit vorangebracht wird.

Verdachtsgenerierung Mögliche Fehlerursachen können durch Ver- fahren der modellgesteuerten Hypothesengenerierun gewonnen werden.

Verdachtsbestätigung Durch Simulation im Modell kann ein Vergleich der tatsächlich gefundenen Symptomwerte mit den aus dem vermuteten Fehler erklärbaren Symptom- werten durchgeführt werden (Erklärungswert der vermuteten Diagnose).

Unterstützung der Wissensakquisition Kausales und funktionales Wissen
kann aus Aufbauplänen, Bauteil- und Steuerungsin-
formationen erzeugt und in eine geeignete Form, z.B.
Regeln, Baugruppen zusammengehöriger Bauteile
oder Kontexte gebracht werden, ohne daß ein
Experte oder Wissensingenieur als Vermittler nötig
ist.

Bei jeder dieser Teilaufgaben können kausale Erklärungen automatisch
miterzeugt werden: Im folgenden werden die Überlegungen hinsichtlich der
Integration der einzelnen Aspekte in MOLTKE aufgeführt.

I.2.2   Beschreibungselemente

Neben den uns bereits vertrauten Begriffen erscheinen hier wieder eine Reihe
neuer Konzepte, die einerseits eine umgangsprachliche Bedeutung haben, hier
aber in einer eingeengten Weise benutzt werden.

Komponente, Bauteil Struktureller Teil einer Maschine. Es gibt unzer-
legbare Grundbauteile, diese nennen wir primitiv,
elementar oder atomar. Komplexe Komponenten hingegen entsprechen Baugruppen, die in Unterbauteile
zerlegbar sind. Komponenten besitzen Schnittstellen
nach außen (Ports), eventuell interne Zustände
(States). Ihnen ist eine Beschreibung ihres Verhaltens
und gegebenenfalls ihres möglichen Fehlverhaltens
zugeordnet.

Port Nach außen sichtbare Anschlußstelle einer Komponente. Nur über die Ports ist ein Zugriff auf eine
Komponente möglich, alle anderen Aspekte einer
Komponente sind nach außen unsichtbar. Ports besitzen eine Richtung. Sie sind entweder reine Input-
Ports, d.h. das Verhalten der Komponente beeinflußt
sie nicht, oder reine Output-Ports, d.h. sie beeinflussen das Verhalten der Komponente nicht, oder
InOut-Ports, die je nach Situation gerichtet sind. Der
Typ eines Ports gibt an, mit welchen anderen Ports er
verbunden werden kann.

State Interner Zustand einer Komponente, der deren Verhalten beeinflußt, aber nicht direkt beobachtbar ist (z.B.Daten in einem RAM-Baustein).

Verhaltensbeschreibung Beschreibung des Einflusses, den eine (primitive oder komplexe) Komponente auf die Werte ihrer Ports und States, abhängig von den dort bereits vorhandenen Werten. Verhaltensbeschreibungen sind i.a. gerichtet, d.h. bestimmte Ports einer Komponente sind Input-Ports, deren Werte mit Hilfe der Verhaltensbeschreibung die Werte der Output-Ports festlegen. Ist für eine komplexe Komponente keine Verhaltensbeschreibung gegeben, so kann diese unter Umständen aus den Verhaltensbeschreibungen der Unterkomponenten ermittelt werden.

Fehlverhaltensbeschreibung Abwandlung der Verhaltensbeschreibung, die das geänderte Verhalten einer Komponente in einen bestimmten Fehlerfall beschreibt. Zu einer Komponente existieren in der Regel verschiedene Fehlermöglichkeiten und somit dann auch für jeden Fehlertyp eine Fehlverhaltensbeschreibung.

Funktionsbeschreibung Beschreibung der erwarteten Funktion der modellierten Maschine als Ganzes. Sie wird durch Ein-/Ausgabe-Relationen der nach außen führenden Ports der Maschine gegeben, ähnlich der Verhaltensbeschreibung auf den unteren Ebenen. Im Gegensatz zu diesen ist die Funktionsbeschreibung aber *nicht* vollständig bzgl. aller möglichen Eingaben, sondern gibt nur die *intendierten* Verhaltensweisen an.

Modell Menge von Komponenten sowie deren Verbindungen. Die Verbindungen müssen vollständig (d.h. alle Ports haben eine Verbindung) sowie typkompatibel (d.h. verbundene Ports haben denselben Typ) und richtungskompatibel sein. Ein *flaches* Modell besteht ausschließlich aus primitiven Komponenten, während ein *hierarchisches* Modell komplexe Komponenten enthält, die wiederum aus komplexen Komponenten bestehen können usw. Zu einem Modell gehört auch die Funktionsbeschreibung der modellierten Maschine.

I.3 Analogie und Lernen

I.3.1 Analogie und Erfahrung

Analogieschlüsse zählen sicherlich zu den fortgeschrittenen Methoden der Künstlichen Intelligenz. Es sind eine ganze Reihe von Begriffsapparaten und Theorien entwickelt worden, um analoges Schließen zu modellieren. Eine analoge Vorgehensweise erlaubt die Übertragung von Lösungen aus einem bereits gelösten Problem auf ein aktuelles Problem, welches mit dem früheren zwar nicht identisch ist, ihm aber doch auf eine Weise ähnelt. Die folgende Abbildung stellt einen analogen Schluß schematisch dar:

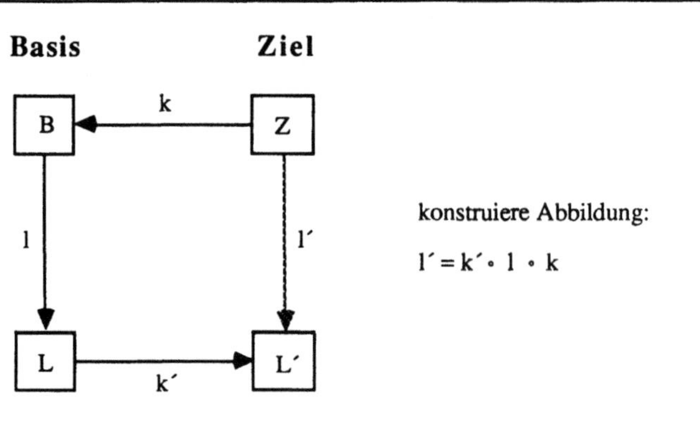

Abbildung I.7 – Analoges Schließen

Gegeben ist eine aktuelle Problemsituation Z mit unbekanntem Lösungsweg l´ und unbekannter Lösung L´. Nun wird versucht, durch das Übertragen eines bereits bekannten Lösungsweges l mit Situation B und Lösung L eine Lösung für das neue Problem zu finden. Gesucht sind dazu die Abbildungen k und k´: Je ähnlicher sich dabei die alte und die neue Situation sind, um so einfacher sind die Abbildungen zu finden. Wir nennen B auch die Basissituation und Z die Zielsituation. Hieraus geht hervor, daß analoges Schließen nicht vom Erfahrungswissen zu trennen ist. Die Basissituation gehört zu einem Erfahrungsschatz, von dem man geeignet Gebrauch macht. Je größer die Erfahrung und je gewandter der Umgang mit ihr ist, desto besser werden die Probleme gelöst. Ein Spezialfall des analogen Schließens in diesem Sinne ist das *fallbasierte Schließen*. Hierbei wird versucht, das menschliche "in Beispielen denken" zu modellieren. Die Fallbeispiele bilden dabei den Erfahrungsschatz. Bei der Bewältigung eines Problems erinnert man sich an vergleichbare *ähnliche* Problemsituationen und versucht, die damalige Lösung "gewinnbringend" einzusetzen, entweder durch einfache Übertragung oder durch entsprechende Anpassung. Dadurch wird oft eine Einschränkung auf relativ wenige "typische" Fälle erreicht und so der Suchraum stark verkleinert. Im hier behandelten Bereich der Diagnose technischer Systeme werden sogenannte Diagnosefälle dazu benutzt, die Erfahrungsbeispiele der jeweiligen Servicetechniker zu repräsentieren. Wir wenden uns als nächstes den Grundbegriffen dieser Technik zu.

Fall	Ein Fall besteht aus einer Problembeschreibung samt ihrer Lösung. In der Diagnostik ist dies eine Situation zusammen mit einer (korrekten) Diagnose. Dabei kann die Situation sowohl für die Diagnosestellung überflüssige Informationen enthalten als auch zu unvollständig sein, um die Diagnose zu deduzieren.
Fallbasis	Dies ist eine Sammlung von Fällen.
Basis(struktur)	Ein bereits bekannter Fall aus der Fallbasis, dessen Situation ähnlich zur aktuell gegebenen Fehlersituation (der Zielstruktur) ist.
Ziel(struktur)	Die aktuell gegebene, unvollständig beschriebene Fehlersituation, die mit Hilfe von Analogien zur Basisstruktur so vervollständigt werden soll, daß ihr (eindeutig) eine Diagnose zugeordnet werden kann.

Ähnlichkeit   Die Ähnlichkeit ist eine Beziehung zwischen
                            (Problem-) Situationen. Sie ist dadurch beschrieben,
                            daß gewisse Merkmale auf einem bestimmten
                            Abstraktionsniveau gleich sind oder mit bestimmten
                            Methoden ununterscheidbar werden. Sie ist keine 0-1-
                            Relation, sondern muß graduell abgestuft betrachtet
                            werden.

Ähnlichkeitsmaß   Es beschreibt den Grad der Ähnlichkeit zweier
                            Situationen. Das Maß kann auch nichtnumerische
                            Werte annehmen.

Lösungstransformation   Übertragung der Lösung eines bekannten Falles
                            auf eine aktuelle (ähnliche) Problemsituation.

Der Begriff der Ähnlichkeit ist besonders diffizil. Selbst wenn man zwei
Objekte ganz genau kennt, kann man im allgemeinen wenig über den Grad
ihrer Ähnlichkeit sagen. Der hängt nämlich nicht nur von den Objekten selbst
ab, sondern auch von den intendierten Zwecken. So ist z.B. die Frage, ob zwei
bestimmte Autos ähnlich sind, ohne weitere Informationen wenig sinnvoll.
Man benötigt etwa die Angabe, ob man die Autos in die gleiche Garage stellen
will (ob also eine Ähnlichkeit der äußeren Form intendiert ist), oder ob man
mit den Autos Rennen fahren will und man an einer Ähnlichkeit bezüglich der
Straßenlage interessiert ist. Die direkt sichtbaren Eigenschaften der Objekte
sind oft in Bezug auf eine intendierte Ähnlichkeit schwer einzuschätzen.
Beispielsweise weiß man beim Auto oft nicht direkt, welche Eigenschaften sich
auf die Straßenlage auswirken. Schematisch stellt sich die prinzipielle
Vorgehensweise des fallbasierten Schließens so dar:

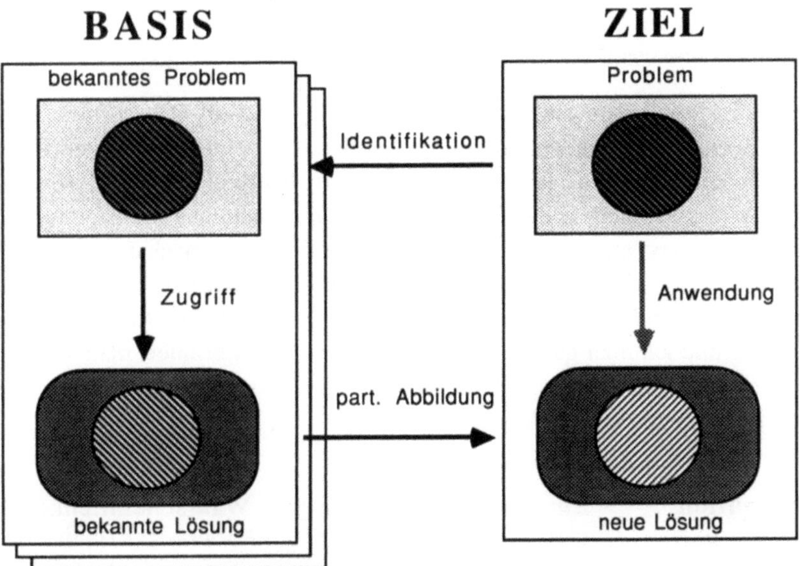

Abbildung I.8 – Fallbasiertes Schließen

Eine der entscheidenden Schwächen solcher Schlußweisen besteht in ihrer Rechtfertigung; d.h. wann liefern sie korrekte Lösungen? Das hängt offenbar entscheidend von der Güte des Ähnlichkeitsmaßes und der Lösungstransformation ab. Nun ist es problematisch, eine solche Güte a priori festzulegen, denn sie richtet sich schließlich nach dem Erfolg und der Effizienz der Problemlösung, und die kennt man erst hinterher. Es bietet sich also ein iteratives Vorgehen an: Man verbessere schrittweise, abhängig vom Erfolg, Ähnlichkeitsmaß und/oder Lösungstransformation. Damit sind wir beim Gebiet des Lernens.

Zunächst betrachten wir jedoch eine vereinfachte Problematik, die sich in folgender Standardsituation darstellt:

Gegeben sind ein Ziel Z als aktuelles Problem und ein bereits gelöstes Basisproblem B. Z und B mögen in den Eigenschaften P übereinstimmen und B soll zudem die Eigenschaften Q haben. Wann darf nun abgeleitet werden, daß auch Z die Eigenschaften Q hat? Zusatzfrage: Wenn dies nicht stimmt, wann kann man für Z wenigstens auf eine vergleichbare Eigenschaft Q' schließen und wie bestimmt sich Q'?

Die Frage ist hier, wann die Eigenschaft P die Eigenschaft Q bestimmt, oder wann das wenigstens eine vernünftige Heuristik ist. In seiner einfachsten Form ist ein solcher Schluß an Naivität nur schwer zu überbieten. Man darf dann nämlich für das Problem Z die Eigenschaft Q schon dann aus der Eigenschaft P erschließen, wenn auch im bekannten Problem B die Eigenschaften Q und P vorlagen! Es wird also aus dem (möglicherweise einmaligen) gemeinsamen Vorliegen von P und Q in B gefolgert, daß dies stets so ist. Der Ansatz ist aber ausbaufähig und kann zu guten Heuristiken führen. Dazu erinnert man sich am besten an bedingte Wahrscheinlichkeiten. Die folgende Begriffsbildung erweitern den obigen naiven Ansatz.

Determination	Ein Ersatz für bedingte Wahrscheinlichkeiten (mangels genauerer Informationen). Erlaubt den Schluß von P auf Q, wenn P für Q als relevant angesehen wird.

Genau wie sogenannte Unsicherheitsfaktoren gewöhnliche Wahrscheinlichkeiten ersetzen, sind Determinationen ein Ersatz für bedingte Wahrscheinlichkeiten. Es gibt verschiedene Möglichkeiten, sie zu definieren und diese Definitionen können der Sache mehr oder weniger angemessen sein.

Zunächst soll mit den Determinationen aber noch kein Zahlenwert verbunden werden. Im analogiebasierten Schließen wird formal eine zusätzliche Relation '⊱' (die Determination) eingeführt. Wenn P(Z) die Gültigkeit von P in der Situation Z bezeichnet, dann erlaubt P ⊱ Q ("P determiniert Q", "P bedingt Q") als zusätzliche Voraussetzung u.U. den (Analogie-)Schluß auf Q. Damit ist generell noch nichts über die Art der Verwendung dieser Relation gesagt, die von den inhaltlichen Intentionen ab. Angewendet werden die Determinationen mittels einer Regel:

I.7. Definition: Determinationsregel:

P(B), P(Z), Q(B), P ⊱ Q

Q(Z)

In diesem Ansatz basieren Analogieschlüsse also auf Anwendungen von Determinationsregeln. Sie entsprechen Vorwärtsregeln: Wie alle Voraussetzungen muß auch P $\vdash$ Q in der Wissensbasis vorhanden sein. Es ist somit klar, wann ein analoger Schluß als korrekt angewandt gilt; das bedeutet aber natürlich nicht die Gültigkeit der Konklusion. Die nächste Frage ist, wie eine Determinationsregel in die Wissensbasis hineinkommt. Eine Möglichkeit zur Einführung einer solchen Regel ist durch die folgende Definition gegeben:

I.8. Definition: Ein-Beispiel-Induktion ((single-instance induction):
$$P(x) \vdash Q(x) :\Leftrightarrow \quad [\exists z\, (P(z) \land Q(z))] \rightarrow \forall u\, [P(u) \rightarrow Q(u)]$$

Die Definition I.7 und I.8 lassen sich leicht auf mehrere Beispiele verallgemeinern. Wenn nun (etwa durch den Experten oder den Benutzer) zusätzlich bestimmte Situationen oder Klassen von Situationen als "typisch" gekennzeichnet sind, dann werden durch diese Induktionsregel Determinationen erzeugt. Man kann so Relevanzwissen der Form "die Eigenschaft P ist relevant für die Eigenschaft Q" explizit repräsentieren. Derartiges Relevanzwissen ist wesentlich für eine Steuerung ähnlichkeitsbasierter Mechanismen, insbesondere dann, wenn diese Induktion noch vom Zutreffen weiterer Bedingungen abhängig gemacht wird[1].

Problematisch bei diesem Ansatz ist zum einen die Akquirierung der Determinationen, zum anderen die Tatsache, daß der Begriff der Relevanz recht vage ist. Hier hilft die Orientierung an den bedingten Wahrscheinlichkeiten weiter. Man führt partielle Determinationen ein, die mit Hilfe einer Häufigkeitsinterpretation erklärt werden.

I.9. Definition: Partielle Determination
P determiniert Q partiell mit Determinationsfaktor δ, in Zeichen $P \vdash^\delta Q$, falls
$$\delta = \frac{|\{\, x \mid P(x) \land Q(x)\, \}|}{|\{\, x \mid P(x)\, \}|}$$

---

[1] In GenRule (s. §X.3) sind dies z.B. die Bedingungen zur Generierung partieller Abkürzungsregeln.

Mit Hilfe einer partiellen Determination $P \succ^{\delta} Q$ wird also eine quantitative Vorhersage δ der Wahrscheinlichkeit der Korrektheit einer Analogie eines Zieles Z zu einer gegebenen Basis B 'riskiert', und zwar in funktionaler Abhängigkeit zur Gesamtähnlichkeit möglicher Basen und Ziele. Diesem Ansatz liegt somit die Hypothese zugrunde, daß die Gleichheit beobachteter Erscheinungen eine gewisse Evidenz für die Gleichheit ihrer Ursachen bedeutet. Bei der Anwendung einer Determinationsregel mit partieller Determination ist die Konklusion ebenfalls mit dem Faktor δ behaftet. Der Spezialfall, daß Q aus P unter den vorliegenden Umständen sogar logisch folgt, wird hier miterfaßt, der Determinationsfaktor ist dann 1, man spricht dann auch von einer *totalen Determination.* Solche Folgerungen können insbesondere bei Vorliegen eines (korrekten) Maschinenmodells gezogen werden; man vgl. dazu die später diskutierten Lernverfahren in MOLTKE.

Wie man analoges Schließen mittels Determinationen und fallbasiertes Schließen kombinieren kann, wird später am Beispiel technischer Diagnosesituationen diskutiert.

I.3.2 Lernen

Hinter dem Begriff "Lernen" sind eine Anzahl doch recht verschiedener Ausprägungen verborgen. Das trifft auf den umgangssprachlichen Gebrauch dieses Wortes ebenso zu wie auf seine Verwendung im Bereich des Maschinellen Lernens. Einig sind sich die Lernbegriffe nur einerseits in ihrer Pragmatik - ein Lernvorgang soll verbesserte Verhaltensweisen zur Folge haben - und in ihrem Ausgangspunkt, der vorliegenden Erfahrung. Die Erfahrung kann dabei auf verschiedenen Ebenen repräsentiert werden. Was das aber im einzelnen heißt und wie man vorgeht, das ist jedoch recht unterschiedlich. Im folgenden wird zunächst ein kurzer Überblick über die im Bereich des Maschinellen Lernens interessanten Lernstrategien und -methoden gegeben, die für die hier benutzten Ansätze von Bedeutung sind. Im einzelnen sind dies induktive, analytische und konnektionistische Lernverfahren.

Induktives Paradigma Das induktive Lernen umfaßt Lernen aus positiven/negativen Beispielen und Lernen durch Beobachten und Entdecken. Interessierende Eigenschaften sind die automatische Erweiterbarkeit der Beschreibungssprache, die Behandelbarkeit von verrauschten Daten, die Art der Beispielquelle sowie die Repräsentation des induktiven "Bias" (d.h. der "Lernerwartungshaltung"). Die erlernten Konzeptbeschreibungen können diskriminierend oder charakterisierend sein. Die Induktion kann auf Basis eines Schnappschusses oder inkrementell stattfinden

Analytisches Paradigma Analytisches Lernen ist der Oberbegriff für Lernen durch Analogie, fallbasiertes und erklärungsbasiertes Lernen. Aktuelle Forschungsschwerpunkte sind Lernen aus wenigen Beispielen auf der Basis einer starken Hintergrundtheorie, Deduktion gesteuert durch bereits gemachte Problemlöseerfahrung, analogiebasiertes Problemlösen, Lernen aus Erfolg und Mißerfolg, Lernen im geschlossenen Kreislauf und die Generalisierung von Erfahrungswissen.

Konnektionistisches Paradigma Das konnektionistische Lernen beinhaltet verschiedene Lernverfahren, die auf einer Neuanpassung von Gewichten innerhalb eines vorgegebenen Netzwerkes basieren. Auf der funktionalen Ebene besteht eine große Ähnlichkeit zu induktiven Ansätzen, die auf diskriminierenden Beschreibungen operieren.

In den uns beschäftigenden Fragestellungen ist stets eine Reihe von Einzelfällen vorgelegt, also Situationen (mit unvollständiger Information, vgl. Kapitel I.1) und ein zugehöriger Lösungsvorschlag sowie eine Aussage darüber, ob die vorgeschlagene Lösung korrekt war. Wegen dieser letzteren Tatsache ordnen sich die hier behandelten Lernvorgänge in der Literatur in die Rubrik "Lernen mit Lehrer" ein. Wir bringen hier eine informelle Übersicht über die in MOLTKE eingesetzten Strategien und Inferenzmechanismen. Zunächst einige Hilfsbegriffe:

Beispiel Instanz eines zu lernenden Konzepts im Falle eines positiven Beispiels, ansonsten Instanz irgendeines, vom zu lernenden Konzept verschiedenen Konzepts.

	Die oben beschriebenen Fälle sind empirisch beobachtete Beispiele.

Zielkonzept   Vorgegebenes, recht allgemein beschriebenes Konzept, das mit Hilfe von positiven Beispielen genauer beschrieben werden soll.

Hintergrundtheorie   Hintergrundwissen, das dazu verwendet wird, die Zugehörigkeit des positiven Beispiels zum Zielkonzept zu beweisen. Es kann sich hierbei um eine Menge logischer Regeln oder z.B. die Wissensbasis eines Expertensystems handeln.

Operationalisierungskriterium   Ein Entscheidungskriterium, das festlegt, wie die Beschreibung des zu lernenden Konzeptes aufgebaut sein soll. Es könnte z.B. aussagen, daß nur Begriffe des vorgelegten Beispiel verwendet werden dürfen. Man kann dann u. U. auf die Begriffe des Zielkonzeptes verzichten.

Damit kommen wir zu den zentralen Begriffen:

Analoges Schließen   Analoges Schließen ist eine Inferenzart, bei der Kenntnis über Merkmale eines Objektes durch dessen Ähnlichkeit mit anderen Objekten erlangt wird (s. Abb. I.5).

Fallbasiertes Schließen   Fallbasiertes Schließen ist der Spezialfall analogen Schließens für in einer Fallbasis abgelegte Fälle (s. Abb. I.6).

Lernen von partiellen Determinationen   Adaptionsvorgänge, die Determinationsfaktoren gemäß ihrer Häufigkeitsdefinition einer erweiterten Fallbasis anpassen (s. Kap. X.2).

Lernen von Schwellwerten   Adaptionsvorgänge, die Schwellwerte der Fälle in der Fallbasis gemäß des erhaltenen Benutzer-Feedbacks anpassen (s. Kap. X.2).

Fallbasiertes Lernen   Ein fallbasierter Problemlöser lernt mit der Zeit neue Fälle sowie verbesserte (partielle) Determinationen und Schwellwerte.

Empirisches Lernen   Erschließt aus Beispielen durch Generalisierung ein allgemeines Konzept, das die Beispiele umfaßt. Es können auch Negativbeispiele gegeben sein, die das Konzept dann nicht umfassen darf.

Erklärungsbasiertes Lernen   Ausgehend von einem Zielkonzept, einem positiven Beispiel hierfür, einer Hintergrundtheorie und einem Operationalisierungskriterium, dem das zu lernende Konzept genügen muß (aber dem das Zielkonzept nicht genügt), wird das vorgelegte Beispiel derart generalisiert, daß es eine Beschreibung des Zielkonzeptes liefert, die "operational" ist.

Lernen durch Analogie   Hier werden analoge Schlüsse direkt zum Lernen eingesetzt. Man lernt dabei von einem Basisfall für den aktuellen Fall, indem das durch den analogen Schluß abgeleitete Wissen explizit repräsentiert wird.

Inkrementelles Lernen   Ein Lernverfahren, das in der Lage ist, nach einem Lernschritt neue Daten zur Verbesserung vorangegangener Lernergebnisse zu verwenden.

Lernen im geschlossenen Kreislauf   Mehrstufiges Lernverfahren, bei dem die Lernresultate in den folgenden Stufen wie zusätzliches Hintergrundswissen genutzt werden.

I.4 Repräsentation dynamischer Situationen

Häufig läßt sich eine Fehlerursache nicht aus den Werten einzelner Meßgrößen allein bestimmen, sondern man benötigt auch deren zeitliche Reihenfolge. Das kann einmal seinen Grund darin haben, daß einzelne Effekte wegen ihrer Geringfügigkeit nicht meßbar sind und nur in einer zeitlichen Summation erfaßt werden können. Ein anderer, in den hier intendierten Anwendungen weitaus häufiger auftretender Fall ist der, daß die primären Fehlerauswirkungen in der Maschine einer direkten Beobachtung nicht zugänglich sind. Ein "Experiment" mit zeitlich relevanten Verläufen kann aber oft den gewünschten Aufschluß bringen. Dies hat ein jeder sicher schon einmal in einer Autowerkstatt erlebt, wenn das gute alte Auto nicht mehr anspringt und man die Ursache dafür herausfinden möchte. Der Techniker unternimmt eine Reihe zeitlich abgestimmter Maßnahmen, nach deren Ablauf er auf eine bestimmte Fehlerursache im Anlasser, in der Batterie, in der Zündung etc. schließt.

Eine zentrale Aufgabe beim Schließen über dynamische Systeme ist die Repräsentation ihres zeitlichen Verhaltens. Algorithmische Anweisungen wie Reparaturrezepte oder prozedurale Programme repräsentieren natürlich auch Zeitbezüge, allerdings in einer speziellen Form. Schauen wir uns ein Beispiel einer Anleitung an:

(1) Stelle Motor$_1$ an.

(2) Stelle Motor$_2$ an.

Die zeitliche Beziehung zwischen diesen Anweisungen ist durch die *implizite Verabredung* getroffen, daß die zuerst hingeschriebene auch zuerst auszuführen ist. Eine explizite Darstellung wäre:

Stelle Motor$_1$ vor Motor$_2$ an.

Sinnvoll wird die explizite Darstellung aber erst dann, wenn dem Leser die Bedeutung des Wortes "vor" bekannt ist. Die in herkömmlichen Programmiersprachen übliche implizite Repräsentation kann verschiedene Probleme aufwerfen. Zum einen kann man sich in Anweisungen nicht auf die Reihenfolge beziehen: Ein Beispiel dazu wäre die Ausdrucksweise "Führe Aktion A oder B aus, je nachdem, welche der beiden Anweisungen in der Anleitung früher stand". Desweiteren ist es schwierig, kompliziertere Bedingungen zu formulieren wie etwa:

Stelle beide Motoren an, aber Motor$_2$ nicht vor Motor$_1$ (aber eventuell beide gleichzeitig).

Solche Überlegungen motivieren den Wunsch nach einer Sprache, in der zeitliche Bezüge explizit formuliert werden können. Wünschenswert wäre darüber hinaus eine Sprache, in der die aus der Strukturbeschreibung einer Maschine oder allgemeiner eines technischen Systems gewonnenen möglichen Verhaltensweisen repräsentiert werden können. Eine solche Sprache kann aber auch dazu benutzt werden, in der Wissensbasis eines Diagnosesystems prototypische Entwicklungen von fehlerhaften Verhaltensweisen zu speichern. In der Literatur findet man verschiedene Vorschläge für eine solche Sprache, etwa der Graph der Prozeßstrukturen in QPT [Forbus 84] oder das Zustandsdiagramm in ENVISION [de Kleer, Brown 84]. In einem sog. Envisionment spiegeln zusätzliche Querbezüge die kausalen Abhängigkeiten zwischen den Komponenten des Systems wider [Voß 87].

Grundlegend ist hier die Frage, über welche zeitlichen Begriffe und Beziehungen man überhaupt sprechen möchte. Als elementare Begriffe bieten sich Zeitpunkte und Zeitintervalle samt ihren Dauern an. Da wir primär an Ereignissen interessiert sind, die in bestimmten Zeitabschnitten stattfinden, ergibt sich eine Konzentration auf Zeitintervalle. Es genügt für unsere Zwecke weitgehend, einen "qualitativen" Standpunkt einzunehmen, der auch noch von den Dauern abstrahiert. Gesprochen wird nur noch von (nichtleeren) Zeitintervallen (die Ereignissen zugeordnet sind) und über ihre gegenseitige Anordnung. Die dazu benötigten Ausdrucksweisen werden jetzt eingeführt.

In der folgenden Beschreibung ist die zu einer Relation x R y zwischen x und y inverse Relation durch Vertauschung von x und y erklärt. Die inverse Relation zu "x vor y" ist also "y vor x", was in der Umgangssprache durch "x nach y" ausgedrückt wird.

I.10. Definition: Relationen zwischen Zeitintervallen:
Die möglichen Relationen zwischen zwei Zeitintervallen x und y sind durch folgende Tabelle gegeben:

Relation	Symbol	Inverses	Veranschaulichung
x vor y	<	>	
x gleich y	=	=	
x an y	m	mi	
x überlagert y	o	oi	
x während y	d	di	
x startet y	s	si	
x beendet y	f	fi	

Abbildung I.9 - Zeitrelationen

Die in der Literatur üblichen Abkürzungen rühren von den englischen Bezeichnungen m̲eets, o̲verlaps, d̲uring, s̲tarts und f̲inishes her, Ferner steht "i" für "invers". Diese Relationen zwischen Intervallen nennen wir auch *primitive Intervallrelationen*. Komplexe Relationen bestehen dann aus logischen Kombinationen von primitiven Relationen. Dabei entspricht die Negation einer primitiven Relation der Disjunktion der restlichen zwölf Relationen.

Wenn mehrere Ereignisse stattfinden, so sind die gegenseitigen Lagen der zugeordneten Intervalle nicht unabhängig voneinander. Gilt etwa x < y und y < z, so folgt auch x < z. Nicht immer ist jedoch eine Folgebeziehung eindeutig bestimmt: So ergeben sich für x m y und x m z die Alternativen $\{y = z, y\ s\ z, z\ s\ y\}$, was man logisch als die dreigliedrige Disjunktion

$$(y = z) \lor (y\ s\ z) \lor (z\ s\ y)$$

auffaßt. Weil im Verlaufe von Schlußfolgerungen dieser Art solche Mehrdeutigkeiten auftreten, geht man besser gleich von Mengen von Grundrelationen aus, die Disjunktionen von Alternativen beschreiben: Sie repräsentieren partielle Informationen über die relative Lage von Zeitintervallen: Genaue Informationen würden aus eingliedrigen Disjunktionen bestehen. Die nichtssagende Information besteht in der Disjunktion aller dreizehn möglichen Relationen.

I.11. Definition: Disjunktive Intervallrelationen
Wenn X eine Menge von Intervallrelationen ist , dann bezeichnet xXy die Disjunktion aller xSy, wobei S ∈ X ist.
Wir bezeichnen diese Mengen auch als disjunktive Intervallrelationen.

Ein Kernstück der nach Allen benannten Zeitlogik zur Verarbeitung derartiger disjunktiver Relationen ist ein Intervallkalkül, mit dem Inferenzen zwischen diesen Disjunktionen beschrieben werden. In der folgenden Tabelle sind alle möglichen Inferenzen der Form

$$x\ R\ y,\ y\ S\ z\ \rightarrow\ x\ ?\ z$$

zusammengefaßt, wobei R und S über die Relationen laufen und ? die gesuchte Menge von Relationen ist. Dabei ist man natürlich daran interessiert, die minimal geltende Disjunktion zu erhalten: Diese wird in der Tabelle angezeigt, die durch Inspektion aller in Frage kommender Möglichkeiten entstanden ist.

x R y \ y S z	<	>	d	di	o	oi	m	mi	s	si	f	fi
"before" <	<	no info	< o m d s	<	<	< o	<	< o m d s	<	<	< o m d s	<
"after" >	no info	>	> oi mi d f	>	> oi mi d f	>	> oi mi d f	>	> oi mi d f	>	>	>
"during" d	<	>	d	no info	< o m d s	> oi mi d f	<	>	d	> oi mi d f	d	< o m d s
"contains" di	< o m di f	> oi di mi si	o oi dur con =	di	o di fi	or di si	o di fi	oi di si	di fi o	di	di si oi	di
"overlaps" o	<	> oi di mi si	o d s	< o m di fi	< o m	o oi dur con =	<	oi di * si	o	di fi o	d s o	< o m
"overlapped-by" oi	< o m di fi	>	oi d f	> oi mi di si	o oi dur = con	> oi mi	o di fi	>	oi d f	oi > mi	oi	oi di si
" meets" m	<	> oi mi di si	o d s	<	<	o d s	<	f fi =	m	m	d s o	<
"met-by" mi	< o m di fi	>	oi d f	>	oi d f	>	s si =	>	d f oi	>	mi	mi
"starts" s	<	>	d	< o m di fi	< o m	oi d f	<	mi	s	s si =	d	< m o
"started-by" si	< o m di fi	>	oi d f	di	o di fi	oi	o di fi	mi	s si =	si	oi	di
"finishes" f	<	>	d	> oi mi di si	o d s	> oi mi	m	>	d	> oi mi	f	f fi =
"finished-by" fi	<	> oi mi di si	o d s	di	o	oi di si	m	si oi di	o	di	f fi =	fi

Abbildung I.10 - Transitivitätstabelle

I.12. Definition: Relationenpropagierung

Für Mengen X, Y von Relationen ist $p(X,Y) = \bigcup (p_0(R,S) \mid R \in X, S \in Y)$, wobei p_0 das durch die Tabelle erklärte Relationenprodukt ist. $p(X,Y)$ ist also die minimale Disjunktion ?, für die gilt: Wenn xXy und yYz, dann x?z.

In konkreten Fällen treten häufig mehrere Ereignisse auf, für die man die Beziehungen zwischen ihren zugehörigen Zeitintervallen in übersichtlicher Form darstellen möchte. Das geschieht in Form eines *Zeitnetzes*.

I.13. Definition: Zeitnetz
Ein Zeitnetz ist ein gerichteter beschrifteter Graph.
Knotenbeschriftung: (Namen für) Zeitintervalle:
Kantenbeschriftung: (Disjunktive) Intervallrelationen, sie können u.U. fehlen.

Durch die angegebene Tabelle werden die Intervallrelationen zu einer algebraischen Struktur. Intervalle sind dann nur noch symbolische Größen, deren Relationen einer Verknüpfungsvorschrift genügen. Ein Zeitnetz ist dann ebenfalls eine formale Beschreibung. Um von der Bedeutung eines solchen Netzes sprechen zu können, benötigt man einen (intuitiv naheliegenden) Modellbegriff, durch den die Semantik von Zeitnetzen in der Form von konkreten Intervallen und Relationen zwischen ihnen festgelegt wird.

I.14. Definition: Modell eines Zeitnetzes
Ein *Modell* eines Zeitnetzes ist eine Abbildung
M: Knotenbeschriftungen → reelle Zeitintervalle,
sodaß für jede Kante zwischen zwei Knoten mit den Beschriftungen I und J
gilt: M(I) und M(J) erfüllen die in der Kantenbeschriftung angegebene
Relation. Wenn M(I) = [a,b] ist, so heißt das Paar (a, b) = Proj(M, I) auch die
Projektion von I unter M auf $\mathbb{R}$.

Ein Modell ist also eine Realisierung eines Zeitnetzes. Nicht jedes Zeitnetz muß realisierbar sein, denn es kann Inkonsistenzen enthalten (die man dem Netz nicht direkt ansehen muß). Für ein gegebenes Zeitnetz kann man zur Klärung der Konsistenzfrage so vorgehen, daß man die möglichen Relationen zwischen zwei Knoten mittels Propagierung entlang aller Pfade zwischen ihnen errechnet. Wenn für zwei Knoten auf verschiedenen Wegen mehrere Disjunktionen berechnet werden, so ist auch die Durchschnittsbildung eine korrekte Operation (entspricht sie doch dem Bilden einer Konjunktion). Erhält man so die leere Menge, dann kann gar keine Beziehung zwischen den Knoten bestehen; dies bedeutet eine Inkonsistenz. Wir fassen die möglichen Inferenzen in Zeitnetzen zusammen:

Es gibt zwei Inferenzschritte zur Erzeugung neuer Disjunktionen als Kantenbeschriftungen in Zeitnetzen: Relationenpropagierung und Durchschnittsbildung.

Fehlende Kantenbeschriftungen geben keine Information und sollten nach Möglichkeit vermieden werden.

I.15. Definition: Vollständiges Zeitnetz.
In einem vollständigen Zeitnetz sind alle Kanten beschriftet.

Mittels der Propagierung können Netze vervollständigt werden. Dies wird auch die Bildung des transitiven Abschlusses genannt.

Es gibt einen auf Allen, vgl. [Vilain, Kautz 86], zurückgehenden schnellen Algorithmus zur Aufdeckung von gewissen Inkonsistenzen in einem Netz. Die Effizienz wird damit bezahlt, daß er nicht immer alle Inkonsistenzen in seiner Eingabe findet. Präziser: Der Algorithmus garantiert Konsistenz nur zwischen je drei Intervallen in einem Netzwerk .

Insgesamt gibt es 2^{13} Disjunktionen von Intervallrelationen. Obwohl theoretisch jede der 2^{13} disjunktiven Intervallrelationen vorkommen könnte, treten in Anwendungen meist nur wenige auf. Wir sind an einer praktisch brauchbaren Klasse von Disjunktionen interessiert, für die der gerade erwähnte schnelle Algorithmus tatsächlich alle Inkonsistenzen auffindet. Dazu betrachten wir die folgenden Disjunktionen, die hauptsächlich wegen ihrer Assoziation mit kausalen Beziehungen in Beispielen häufig auftreten:

Disjunktion	Interpretation
{ =,s,si,d,oi,f,mi,> }	startet-nicht-vor
{ =,s,si,d,oi,f }	startet-in
{ =,s,si }	startet-gleichzeitig-mit

Abbildung I.11 - Stetige Relationen

Alle drei Disjunktionen haben eine Stetigkeitseigenschaft gemeinsam: Wenn immer zwei Intervalle in einer der Relationen der Disjunktion stehen, dann lassen lassen sich die Intervalle durch eine "stetige Transformation" so bewegen, daß sie in einer beliebigen anderen Relation der Disjunktion stehen, und daß alle während der Transformation auftretenden Relationen ebenfalls in der betreffenden Disjunktion vorkommen. Die Bezeichnung hierfür ist:

Konvexe Disjunktionen   Disjunktionen   mit   der   gerade   erläuterten Stetigkeitseigenschaft

Bei genauerem Hinsehen erweist sich eine exakte Beschreibung dieser Eigenschaft als etwas diffizil. Dazu betrachten wir ein weiteres, etwas einfacheres Beispiel: Für zwei Intervalle I_1 und I_2 seien die Bedingungen so festgelegt, daß sie in einer der Relationen "vor", "überlappt" oder "an" stehen können. In der folgenden Abbildung zeigt (bei festem I_2) die gestrichelt dargestellte Menge die für den rechten Endpunkt von I_1 zulässigen Positionen:

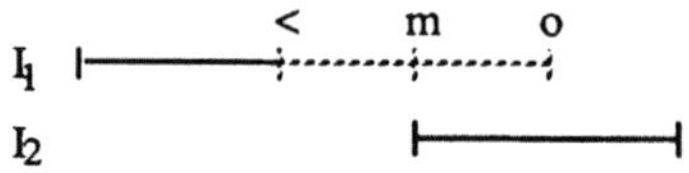

Die rechten Endpunkte von I_1 bilden dann eine im üblichen mathematischen Sinne konvexe Menge. Daraus folgt, daß sich alle möglichen Fälle für I_1 durch eine stetige Transformation des rechten Endpunkts von I_1 ineinander überführen lassen. Disjunktionen, die unter solchen Transformationen abgeschlossen sind, nennen wir *1-Punkt-konvex*. Schließt man dagegen etwa die Relation "an" aus, so wird (einzig) die Anordnung, bei der I_1 und I_2 aneinanderstoßen, ausgeschlossen, während alle davon auch nur "infinitesimal" abweichenden Anordnungen mit der Historie erlaubt bleiben:

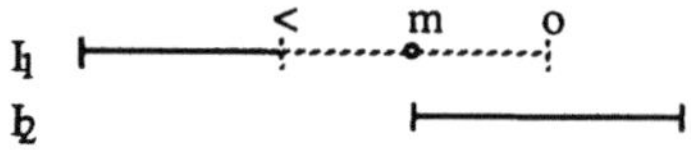

Die Disjunktion {<, o} ist also nicht 1-Punkt-konvex. Als nächstes betrachten wir die Disjunktion {<, m, mi, >}:

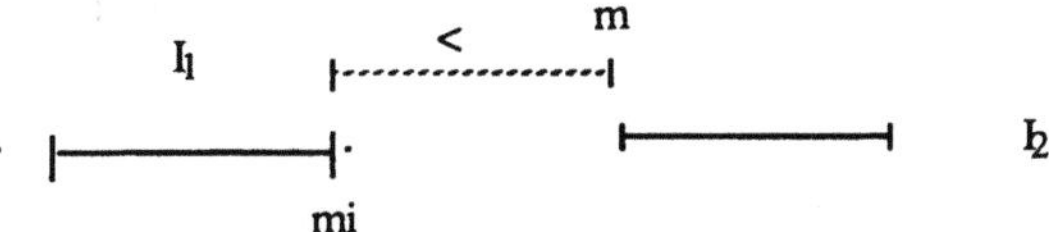

Man sieht, daß diese Disjunktion 1-Punkt-konvex ist, aber daß man nicht alle Möglichkeiten durch die Bewegung von nur einem Punkt erreichen kann, z.B. kann man so "<" nicht ">" überführen. Deswegen wird die endgültige Definition der Konvexität als *2-Punkt-Konvexität* erklärt, die die Abgeschlossenheit unter der Deformation von zwei Endpunkten verlangt. Die Disjunktion des letzten Beispiels ist dann nicht mehr konvex (bei der Überführung von "<" i n ">" kommen notwendig weitere als die angegebenen vor!).

I.16. Definition: Konvexe Disjunktion

(i) Wenn M eine Menge von Modellen eines Zeitnetzes ist, das eine Knotenbeschriftung I enthält und wenn a,b $\in$ IR sind, dann ist die *Restriktion* von M auf I $\to$ [a,b] die Menge

$$\text{Rest } (M, I, a,b) = \{ M \in M \mid M(I) = [a, b] \}.$$

(ii) Eine Menge X $\subseteq$ IR $\times$ IR heißt *intervallkonvex*, wenn gilt: Aus (a_1, b_1), $(a_2, b_2) \in X$, a, b $\in$ IR mit $\{a_1 \leq a \leq a_2 \vee a_2 \leq a \leq a_1\} \wedge \{b_1 \leq b \leq b_2 \vee b_2 \leq b \leq b_1\} \wedge a < b$ folgt $(a, b) \in X$.

(iii) Eine Disjunktion D heißt *konvex*, wenn für alle Knotenbeschriftungen I und J reelle Zahlen a und b existieren, so daß die Menge $\{\text{Proj } (M,J) \mid M \in M\}$ intervallkonvex ist. Dabei ist

$M = \text{Rest } (N, I, a, b)$, wobei N die Menge aller Modelle eines Zeitnetzes mit der Kante (I, D, J) ist.

Es kann nachgewiesen werden, daß diese Definition der Konvexität in der Tat symmetrisch ist. Bei der Betrachtung aktualer technischer Situationen zu Diagnosezwecken erwiesen sich (plausiblerweise) bisher alle Disjunktionen als konvex. Das besagt nicht, daß in der Praxis generell nur konvexe Relationen vorkommen. Es ist bei Planungsproblemen sogar völlig normal, daß nicht-konvexe Relationen auftreten. Wenn etwa zwei Maschinen nicht gleichzeitig belegt werden dürfen, dann wird das mit der nicht-konvexen Disjunktion "überlappt-nicht", also {<,m,mi,>}), ausgedrückt. Für Diagnosezwecke ist diese Disjunktion aber sehr untypisch. Die Nützlichkeit dieser Begriffsbildungen zeigt der folgende Satz.

I.17. Satz: Bei der Beschränkung auf konvexe Disjunktionen existiert ein polynomialer Test auf die Konsistenz von Zeitnetzen.

Es ist in der Tat der oben erwähnte, im allgemeinen unvollständige Algorithmus von Allen, der dies leistet. Zu einer weiteren anschaulicheren Darstellung der konvexen Intervallrelationen gelangen wir wie folgt: In der ersten Motivation haben wir von der Vorstellung Gebrauch gemacht, daß sich die Intervallrelationen in einer konvexen Disjunktion durch Verschieben eines Intervallendpunktes bei Festhalten der anderen drei ineinander "verformen" lassen. Betrachtet man die in diesem Sinne unmittelbar benachbarten Intervallrelationen, so erhält man folgenden Graphen,

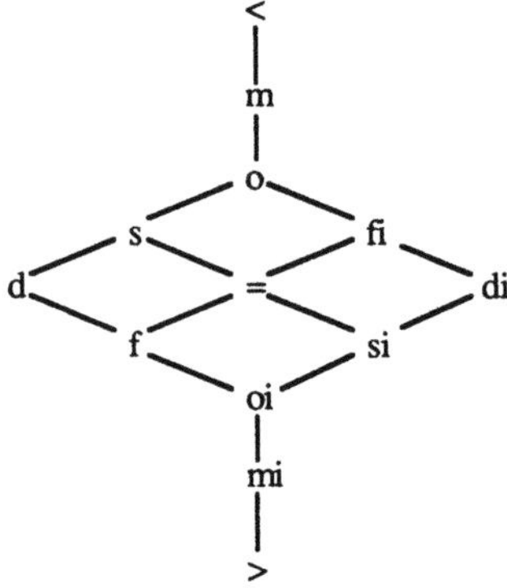

Abbildung I.12 - Graph der Relationen

in dem die durch Kanten verbundenen Relationen direkt (d.h. ohne Umweg über eine dritte Relation) ineinander verformbar sind. Interpretiert man die Konvexitätsbedingung aus der Definition in diesem Graphen, so erhält man:

I.18. Satz: D ist genau dann konvex, wenn gilt: Sind R, S ∈ D, so sind auch alle Relationen entlang jedes kürzesten Weges von R nach S in D.

Alternativ kann man den Graphen als Hasse-Diagramm einer Halbordnung auffassen. Wegen der Symmetrieeigenschaften des Graphen sind die konvexen Disjunktionen dann gerade mit den Intervallen bezüglich dieser Halbordnung identisch. Durch Abzählen dieser Intervalle stellt man fest, daß 82 konvexe Intervallrelationen existieren.

II Die Anwendung von MOLTKE: Diagnose von CNC-Bearbeitungszentren

II.1 Einführung

Der verstärkte Einsatz komplexer Fertigungssysteme und die Integration leistungsfähiger, informationsverarbeitender Systeme in der Produktionstechnik tragen entscheidend dazu bei, die geforderte hohe Flexibilität bei der Produktherstellung zu erreichen. Der wirtschaftliche und qualitätsgerechte Einsatz solcher Fertigungssysteme stellt allerdings hohe Anforderungen an Produktivität, Verfügbarkeit und Fertigungsfähigkeit von Maschinen und Anlagen sowie an die Qualität der gefertigten Produkte.

Zum einen erfordert die Sicherstellung der Einsatz- und Fertigungsfähigkeit von Einzelkomponenten komplexer Fertigungssysteme einen hohen Aufwand an personellen und organisatorischen Maßnahmen zur Durchführung von Wartungs- und Instandsetzungstätigkeiten.

Zum anderen kann unter Berücksichtigung der zunehmenden Komplexität von Fertigungsabläufen und steigenden Anforderungen an schnellere und flexiblere Fertigungsabläufe ein hoher Qualitätsstandard nur durch eine Integration von bereichsübergreifenden, qualitätssichernden Maßnahmen erfolgen. Ein zentrales Moment in der integrierten Qualitätssicherung stellt die Bildung geschlossener Qualitätsregelkreise dar, mit denen die Rückführung von Betriebs- und Qualitätsdaten aus der operativen Ebene zur Verbesserung und Sicherstellung der Produktqualität in allen Bereichen der Fertigung erfolgen kann [Pfeifer 90a].

Für einen Teil dieser Tätigkeiten existieren heute rechnerunterstützte Hilfsmittel sowohl zur Erfassung von maschinenspezifischen Kenngrößen als auch zur Durchführung der Qualitätsprüfung. Die wesentliche Aufgabe der Bewertung der erfaßten Daten im Hinblick auf die Fehlerursachenbestimmung und Ableitung von Korrekturmaßnahmen erfolgt jedoch in der Regel nicht rechnerunterstützt und obliegt der Analysefähigkeit des Personals.

Für die Bereitstellung geeigneter Softwaresysteme zur Automatisierung dieser Tätigkeiten bieten sich wissensbasierte Techniken und Methoden an. Diese Techniken ermöglichen die rechnergestützte Lösungsfindung komplexer Problemstellungen, indem Zusammenhänge und Abhängigkeiten von Daten bei der Ableitung von Schlußfolgerungen ausgenutzt werden. Die Aufgabe der Diagnostik beispielsweise zur Beurteilung und Behebung von Funktionsstörungen in Systemkomponenten von Fertigungssystemen [Weck 85b] oder die gezielte Analyse von Qualitätsinformationen zur Beurteilung der Qualitätslage kann durch Einsatz wissensbasierter Verfahren wesentlich verbessert werden [Pfeifer 90b].

Vor dem Hintergrund des Bedarfs an wissensverarbeitenden Systemen für vielfältige Problemstellungen in der Produktionstechnik ergeben sich für den Bereich der Diagnose und Analyse folgende Einsatzmöglichkeiten von wissensbasierten Systemen (Abb. II.1):
- Lokale Diagnosesysteme zur Sicherstellung der Einsatzfähigkeit einzelner Systemkomponenten.
- Globale Diagnosesysteme zur Sicherstellung der Funktionsfähigkeit komplexer Systeme (z.B. FFS (Flexibles Fertigungssystem)).
- Hilfsmittel zur Schließung von maschinennahen Qualitätsregelkreisen.
- Hilfsmittel zur Schließung von bereichsübergreifenden Qualitätsregelkreisen.

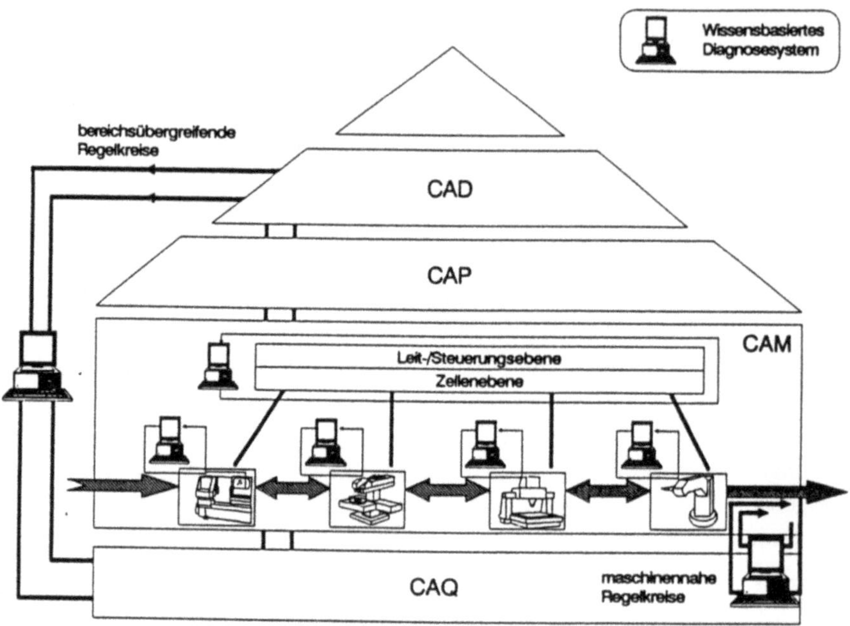

Abbildung II.1 - Einsatzmöglichkeiten wissensbasierter Diagnosesysteme in der integrierten Produktion

II.2 Zielsetzung aus Anwendersicht

Das System MOLTKE stellt ein Expertensystem zur technischen Fehlerdiagnose von CNC dar. Ziel des Expertensystems ist die Unterstützung von Maschinenbedienern und Servicetechnikern. Ihnen soll durch das System bei auftretenden Funktionsstörungen gezielt eine Unterstützung zur schnellen und abgesicherten Fehlerursachenfindung und Fehlerbeseitigung geboten werden. Hierzu werden während der Konsultation über Schnittstellen Meß- und Prüfdaten sowie Maschinen- und Betriebsdaten erfaßt und analysiert. Im Dialog mit dem Benutzer werden geeignete Maßnahmen zur Sicherstellung der

Verfügbarkeit und Fertigungsfähigkeit des Bearbeitungszentrums abgeleitet (Abb. II.2).

Grundlage der wissensbasierten Fehlerdiagnose bilden fachspezifische Kenntnisse über Aufbau, Funktion und Arbeitsweisen solcher Maschinen, grundlegende Informationen aus technischen Dokumentationen (Schaltunterlagen, technischen Zeichnungen, Ablaufdiagrammen, etc.), technisches Allgemeinwissen, Relationen zwischen Produktabweichungen und maschinenabhängigen Einflußgrößen sowie heuristisches Wissen von erfahrenen Servicetechnikern und Maschinenbedienern.

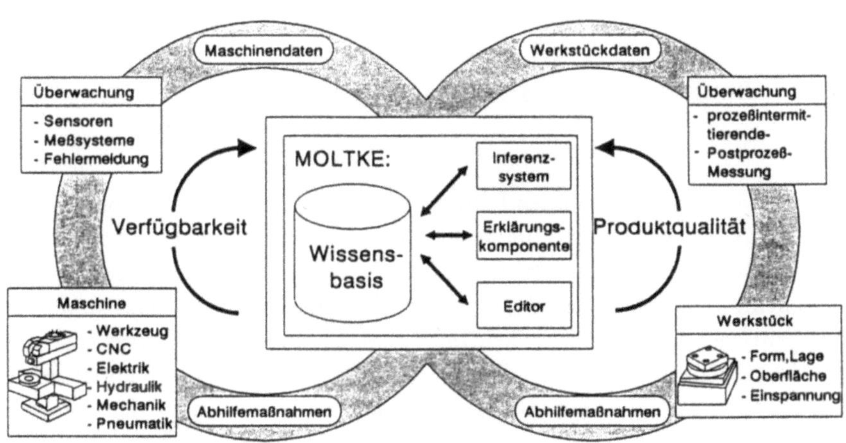

Abbildung II.2 - MOLTKE-Anwendung: Fehlerdiagnose an CNC-Bearbeitungszentren

Aus Anwendersicht waren bei der Realisierung u.a. folgende Anforderungen für die praktische Einsetzbarkeit von MOLTKE ausschlaggebend (vgl. hierzu auch das nächste Kapitel):

- Leistungsfähige, rechnergestützte Wissensakquisitionskomponente durch Verwendung von modell- und lernbasierten Techniken. Möglichkeiten zur einfachen Modifizierung und Erweiterung von erstellten Wissensbasen.

- Unterstützung von Servicetechnikern und Maschinenbedienern durch dialoggestützte Off-Line-Diagnose.

- Unterstützung von Anwendern durch gezielte Bereitstellung von textuellen und graphischen Erklärungen bei der Problemlösung.

- Einfache Bedienbarkeit und Handhabung.

II.3 Darstellung des Wissensbereiches

II.3.1 Einführung in das Anwendungsgebiet

Für die vielfältigen spanenden Fertigungsprozesse ist ein breites Spektrum von Bearbeitungsmaschinen mit unterschiedlichen Automatisierungsgraden vorhanden (Abb. II.3). Eine wichtige Funktionsgruppe von Werkzeugmaschinen bilden hierbei Bearbeitungszentren, die vornehmlich für Fräs- und Bohrbearbeitungen eingesetzt werden. Im Vergleich zu herkömmlichen spanenden Werkzeugmaschinen stellen Bearbeitungszentren eine der bedeutsamsten Weiterentwicklungen dar, die erst im Zuge der Einführung der computergestützten Steuerungstechnik als Funktionstyp entstanden ist [Weck 85a].

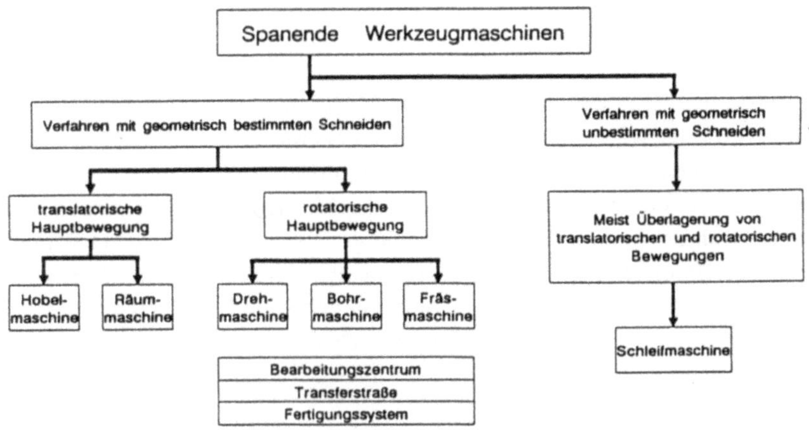

Abbildung II.3 - Einteilung spanender Werkzeugmaschinen (nach [Weck 85a])

Die wesentlichen Vorteile von Bearbeitungszentren gegenüber herkömmlichen Werkzeugmaschinen liegen hierbei

- In der Herstellung von kubischen Werkstücken in minimal nur einer Aufspannung auf verschiedenen Seiten in Abhängigkeit der vorhandenen Achsanzahl (maximal bis zu 5 Achsen).

- In der hohen Anzahl möglicher Zerspanungsbearbeitungen (z.B. Planfräsen, Bohren, Ausdrehen, Reiben, Gewindeschneiden).

- In der automatischen Bereitstellung und im Einsatz von Betriebsmitteln (Werkzeuge, Meßmittel).

- In der automatischen Zuführung von Werkstücken.

- In einer DNC (DNC=Direct Numerical Control)-fähigen Steuerung.

Es gibt heute eine Vielzahl unterschiedlicher Bauarten (Konsol-, Bett- oder Bohrwerksbauart) sowie Baugrößen von Bearbeitungszentren. Neben der Verwendung als einzelne Fertigungseinrichtungen erlaubt der hohe Automatisierungsgrad von Bearbeitungszentren vor allem auch den Einsatz in verketteten Fertigungssystemen. Bearbeitungszentren lassen sich aufgrund der vielseitigen Ausstattung in kurzer Zeit für wechselnde Fertigungsaufgaben

anpassen und eignen sich somit hervorragend für die Klein- und Mittel-
serienfertigung.

Eine wirkungsvolle Unterstützung von Maschinenbedienern und Service-
technikern durch wissensbasierte Diagnosesysteme erfordert die Darstellung
der technischen Wissensinhalte über Funktion und Arbeitsweisen von
Maschinen und deren Komponenten. Darüberhinaus müssen für eine gezielte
Diagnose unter realen Einsatzbedingungen vorhandene konventionelle
Diagnosehilfsmittel, die in Steuerungssystemen und in Form von
Überwachungssystemen in der Maschine integriert sind, mit wissensbasierten
Diagnosesystemen gekoppelt und deren Daten für eine rechnergestützte
Fehlersuche genutzt werden.

Hiervon ausgehend folgt im weiteren zunächst eine Darstellung der Funktion
und Struktur von Bearbeitungszentren in Form von komponenten- und
prozeßorientierten Verfahren. Daran anschließend werden dann die wesentlichen maschinenabhängigen und maschinenunabhängigen Informationsquellen
beschrieben, die zum Aufbau der Wissensbasis von MOLTKE berücksichtigt
wurden.

II.3.2 Technische Beschreibung des Anwendungsgebietes

II.3.2.1 Komponentenorientierte Darstellung

Kennzeichnend für einen komponentenorientierten Ansatz ist die Gliederung
eines komplexen Systems in seine einzelnen Bestandteile und deren Funktionsbeschreibung. Dabei kann jede Komponente wieder als eigenständiges
technisches System betrachtet werden. Die Kommunikation zwischen diesen
Komponenten erfolgt über Leitungen oder sonstige Verbindungen. Eine der
wichtigsten Eigenschaften der komponentenorientierten Methodik ist, daß
ausschließlich die Komponenten für die Durchführung von Aktionen, die den
Systemzustand verändern, verantwortlich sind und daß solche Aktionen nur die
Komponenten beeinflussen können. Die Verbindungen dienen als Model-

lierungshilfe zur Beschreibung des Informationsflusses sowie zur Darstellung von kausalen Zusammenhängen zwischen den Komponenten innerhalb des technischen Systems.

Die Anwendung der komponentenorientierten Methode für Bearbeitungszentren führt zu einer hierarchischen Darstellung der Struktur von Bearbeitungszentren (Abb. II.4). In der ersten Abstraktionsebene erfolgt die Klassifizierung nach den Hauptkomponenten

- **Arbeitsspindel:**

Die Arbeitsspindel enthält das für den jeweiligen Bearbeitungsschritt vorgesehene Werkzeug bzw. das für spezielle, prozeßintermittierende Meßaufgaben verwandte Meßmittel. Die für den Zerspanprozeß benötigte Leistung wird durch Spindelantriebssysteme bestehend aus Antriebsmotor, Drehzahlregler, Meßsystem und Getriebe bereitgestellt.

- **Vorschubantriebssysteme:**

Die Vorschubantriebssysteme ermöglichen ein schnelles und korrektes Positionieren der translatorischen und rotatorischen Bewegungsachsen. Hauptbestandteil eines Vorschubantriebssystems ist ein geschlossener Lageregelkreis, welcher aus den Komponenten Antriebsmotor, Reglersystem, Meßsystem und mechanisches Vorschubsystem/Drehsystem besteht.

- **Werkzeug- und Palettenwechsler:**

Die Hilfsfunktionen des Werkzeug- und Palettenwechslers ermöglichen die automatische und rasche Zuführung von Werkstücken und Betriebsmitteln.

- **Steuerungssystem:**

CNC-Steuerungssysteme haben wesentliche Bedeutung für die Erstellung von Fertigungsprogrammen und zur Durchführung, Steuerung und Überwachung von einzelnen Funktionen und Abläufen in Werkzeugmaschinen.

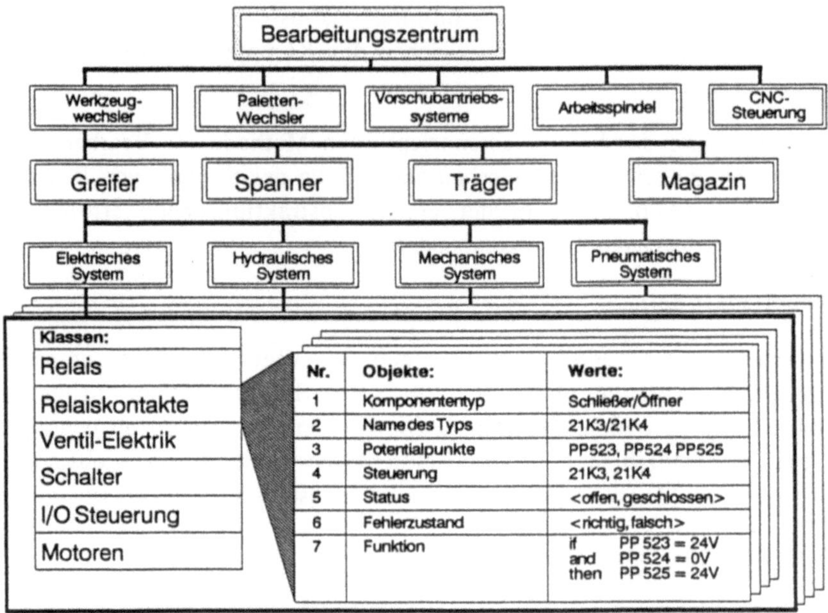

Nr.	Objekte:	Werte:
1	Komponententyp	Schließer/Öffner
2	Name des Typs	21K3/21K4
3	Potentialpunkte	PP523, PP524 PP525
4	Steuerung	21K3, 21K4
5	Status	<offen, geschlossen>
6	Fehlerzustand	<richtig, falsch>
7	Funktion	if PP 523 = 24V and PP 524 = 0V then PP 525 = 24V

Abbildung II.4 - Komponentenorientiertes Maschinenmodell

Am Beispiel des Werkzeugwechslers wird die weitere Anwendung der komponentenorientierten Methode erläutert (Abb. 4). Für den Werkzeugwechselvorgang sind eine Reihe von Funktionen zur Lagerung, zum Transport und für den Wechselvorgang zu erfüllen. Grundsätzlich besteht der Werkzeugwechsler aus folgenden Teilkomponenten:

- **Werkzeug-Magazin:**

Aufnahme der Betriebsmittel für verschiedene Bearbeitungs- und Meßaufgaben.

- **Orientierter Spindelstop:**

Vorrichtung zur Fixierung der Arbeitspindel in die für den Werkzeugwechsel definierte Position.

- **Werkzeug-Greifer:**

Vorrichtung zum Greifen der Betriebsmittel.

• **Werkzeug-Spanner:**

Vorrichtung zum Spannen der Betriebsmittel in der Arbeitsspindel.

• **Werkzeug-Träger:**

Vorrichtung zur Zuführung der Betriebsmittel vom Magazin in die Arbeitsspindel.

Die technische Realisierung dieser Teilkomponenten basiert auf mechanischen, hydraulischen, pneumatischen, elektrischen und elektronischen Systemen, die untereinander in wechselnder Funktionsabhängigkeit stehen [Müller 88]. Diese Systeme setzen sich wiederum aus einzelnen, diskreten Bauelementen zusammen. Als elektrische Bauteile werden beispielsweise Relais, Schalter, Taster, Sensoren verwendet. Die Art und Weise, wie die einzelnen Bauelemente miteinander verbunden sind, ist durch die technische Realisierung bestimmt und von verschiedenen Randbedingungen abhängig, z.B. redundanter Aufbau von Teilfunktionen zur Erhöhung der Zuverlässigkeit. Für die Aufgabe der Diagnose ist die Vorgehensweise der Aufspaltung von Komponenten in weitere Teilkomponenten nur bis zu dem Grad sinnvoll, wo sich noch relevante, austauschbare Funktionseinheiten eindeutig bestimmen lassen.

Die wesentlichen Informationen und Kenndaten über die einzelnen Einheiten und Bauelemente lassen sich aus der technischen Beschreibung, aus Handbüchern, Diagrammen und Stücklisten entnehmen.

II.3.2.2 Prozeßorientierte Darstellung

Mit einer komponentenorientierten Darstellung läßt sich in einfacher Form die hierarchische Struktur des technischen Systems darstellen. Der Nachteil einer solchen Darstellung liegt in der fehlenden Möglichkeit, zeitliche Prozesse, die Abläufe innerhalb des Systems beschreiben, abzubilden. Im Gegensatz zur komponentenorientierten Methode erlauben prozeßorientierte Ansätze, die Struktur von technischen Systemen durch die möglichen Aktionen zu beschreiben. Prozesse stellen im allgemeinen kontinuierliche Abläufe dar, die auf äußere Einflüsse mit bestimmten Aktionen reagieren und hierfür eine bestimmte Zeit in Anspruch nehmen. Gerade die Kenntnis, unter welchen Bedingungen solche Prozesse ausgelöst und welche Aktionen während der Prozesse durchgeführt werden, ist eine notwendige Voraussetzung für die Diagnose von technischen Systemen.

In Fertigungseinrichtungen koordiniert die CNC-Steuerung sämtliche maschinenspezifischen Prozesse. Bei der Abarbeitung von Fertigungsprogrammen interpretiert die CNC zunächst die codierten Anweisungen und veranlaßt die hierfür notwendigen Aktionen. Für die Erstellung von Fertigungsprogrammen stehen normierte Anweisungen zur Verfügung, die zum größten Teil wiederum aus einer Vielzahl von einzelnen Teilabläufen bestehen. Bei der Abarbeitung der Programmanweisungen ändert die CNC[1] entsprechend der vorgegebenen internen Programmierung definierte Steuersignale, durch die bestimmte Abläufe in der Maschinenperipherie ausgelöst werden. Durch die Modifizierung der Steuersignale ändern sich die Zustände von einzelnen Maschinenkomponenten, die mit den bestimmten Abläufen verknüpft sind. Innerhalb einer fest vorgegebenen Zeit erwartet die CNC eine entsprechende Rückmeldung, die das Ende der initiierten Abläufe signalisiert. Ist die Rückmeldung erfolgt, wird der nächste Teilablauf abgearbeitet. Treten jedoch bei der Abarbeitung Störungen auf oder wird das vorgeschriebene Zeitintervall überschritten, veranlaßt die CNC für den nicht ordnungsgemäß abgearbeiteten Teilablauf die Ausgabe einer vordefinierten Fehlermeldung.

Die Komplexität von möglichen maschinenspezifischen Abläufen soll am Beispiel des Werkzeugwechsels (in Doppelgreiferausführung) demonstriert werden. Der Werkzeugwechsel wird programmiert durch Angabe des hierfür vorgesehenen Maschinenbefehls (M06) und Angabe des einzuwechselnden Betriebsmittels (z.B. T07). Für einen solchen Wechselzyklus werden folgende Phasen durchlaufen (Abb. II.5):

---

[1]   Die Ankopplung einer universellen CNC an eine Fertigungsmaschine erfolgt über die SPS(=Speicher Programmierbare Steuerung) bzw. PLC(=Programmable Logic Control) Programmierung, in der die normierten Befehle für die Erstellung von Fertigungsprogrammen an eine reale Maschine umgesetzt werden.

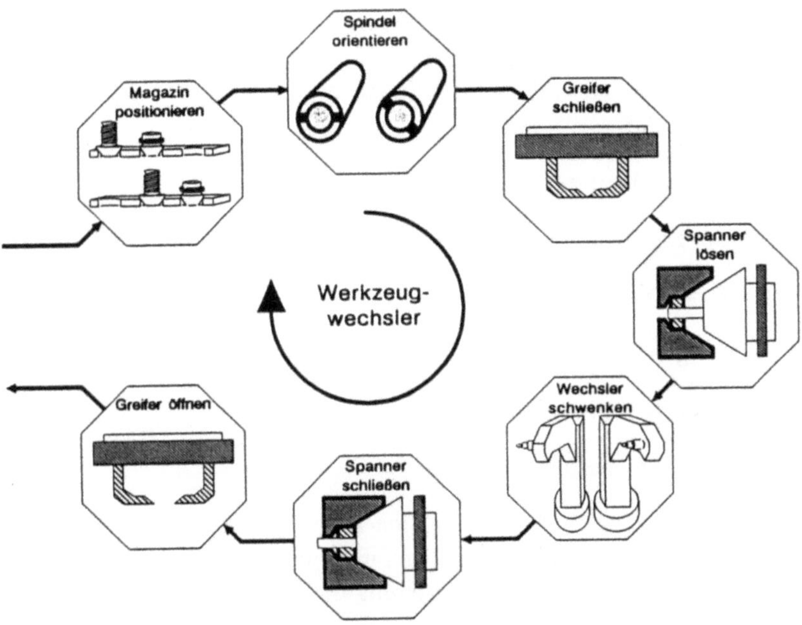

Abbildung II.5 - Phasen des Werkzeugwechsels

- **Positionieren des Werkzeugmagazins:**

Suchen des Werkzeuges und Fahren des Magazins in die Wechselposition.

- **Orientierter Spindelstop Ein:**

Fixieren der Arbeitsspindel in die für den Wechselvorgang definierte Position.

- **Greifer-Schließen:**

Die Greifervorrichtung umfaßt die Werkzeuge im Magazin und in der Arbeitsspindel.

- **Spannvorrichtung-Lösen:**

Freigabe des gespannten Werkzeugs in der Arbeitsspindel durch Lösen der Spannvorrichtung.

- **Wechslerarm-Schwenken:**

Der Werkzeugarm fährt mit den Werkzeugen vor und dreht in die Wechsel-
position. Beim Zurückfahren wird das auszuwechselnde Werkzeug ins
Magazin zurückgelegt und gleichzeitig das einzuwechselnde Werkzeug in die
Spindel eingeführt.

- **Spannvorrichtung-Spannen:**

Das eingewechselte Werkzeug wird in der Arbeitsspindel gespannt.

- **Greifer-Öffnen:**

Der Greifer gibt die Werkzeuge im Magazin und Arbeitsspindel frei.

- **Orientierter Spindelstop Aus:**

Fixierung der Arbeitsspindel lösen.

Jeder dieser Einzelabläufe bedingt eine Reihe von Änderungen in verschiedenen Maschinenkomponenten und umfaßt teilweise mehrere Teilprozesse. So
muß beispielsweise für die Positionierung des Werkzeugmagazins (Abb. II.6)
zunächst die aktuelle Lage des Magazins festgestellt werden.

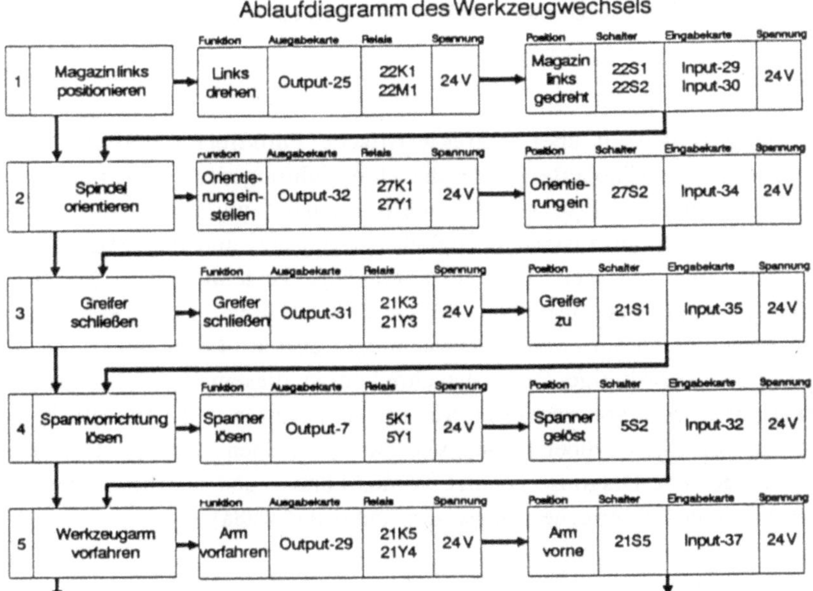

Abbildung II.6 - Prozeßorientiertes Maschinenmodell

Die eindeutige Zuordnung der Magazinpositionen erfolgt beim ersten Werkzeugwechsel der Maschine nach dem Einschalten durch Bestimmung der Referenzposition des Magazins. Hierzu wird das Magazin solange gedreht bis die Referenzposition erreicht wird und eine Meldung zur CNC erfolgt. Zur weiteren Positionierung des Werkzeugmagazins berechnet die CNC die Drehrichtung und die Anzahl der Drehimpulse für die gewünschte Einwechslung eines neuen Werkzeuges. Jeder Impuls bewirkt die Drehung des Magazins um eine Position. Die Drehbewegung erfolgt über die Ansteuerung eines Motors, der über eine mechanische Vorrichtung die Drehung des Magazins bewirkt. Die Positionsänderung wird über einen mechanischen Endschalter der CNC angezeigt.

Mit Hilfe der prozeßorientierten Darstellung lassen sich die Bedingungen für die Initiierung, die durchgeführten Aktionen und die Zuordnung von Fehlermeldungen für maschinenspezifische Abläufe einfach abbilden (Abb. II.6).

II.4 Darstellung der Informationsquellen

Neben dem Wissen über charakteristische Funktionen und maschinen-spezifische Prozeßabläufe ist für die Durchführung der Fehlerdiagnose die Erfassung und Analyse von Prozeß-, Betriebs- und Prüfdaten, die den momentanen Systemzustand bezüglich der Einsatz- und Fertigungsfähigkeit der Maschine anzeigen, von entscheidender Bedeutung. Zu maschinen-abhängigen Informationsquellen zählen die CNC sowie Daten von Sensoren und maschinenintegrierten Überwachungs- und Prüfsystemen (Abb. II.7). Maschinenunabhängige Daten beschreiben in diesem Zusammenhang das Erfahrungswissen von versierten Maschinenbedienern und Servicetechnikern. Sie kennzeichnen darüber hinaus, wie die verschiedenen Informationsquellen für eine gezielte Diagnose genutzt werden können und welche Strategien für eine effiziente Fehlersuche einzusetzen sind [Pfeifer 88a].

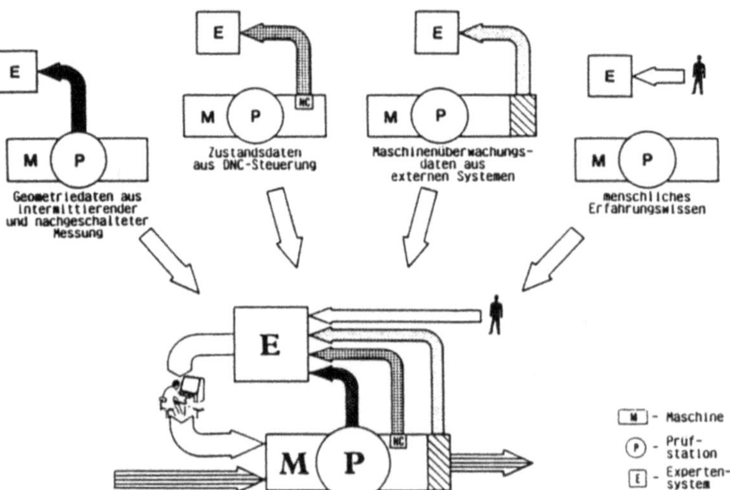

Abbildung II.7 - Maschinenabhängige und maschinenunabhängige Informationsquellen

II.4.1   Maschinenabhängige Informationsquellen

II.4.1.1   Technische Maschinendokumentation

Grundlage zum Verständnis der Funktion und Arbeitsweise von technischen Systemen sind fundierte technische Kenntnisse aus verschiedenen Disziplinen. Für die Anwendung der Diagnose an Fertigungseinrichtungen ist technisches Grundlagenwissen in den Bereichen Mechanik, Elektrik, Hydraulik und Pneumatik sowie Kenntnisse im Bereich der Programmier-, Meß- und Regelungstechnik erforderlich. Basierend auf solchen grundlegenden Kenntnissen kann der Zugang für die von der speziellen Fertigungseinrichtung abhängigen technischen Realisierung erfolgen, welche in Form von diversen technischen Handbüchern zugänglich ist. In diesen Dokumentationen ist eine genaue technische Beschreibung über die Funktion und Arbeitsweise der einzelnen Systemkomponenten gegeben. Einen breiten Raum nehmen Darstellungen über die funktionalen Abläufe ein, die in Form von Texten, Tabellen, Blockschaltbildern und technischen Graphiken verdeutlicht werden. Ein unverzichtbares Hilfsmittel für die Diagnose stellen hierbei Zeichnungen aus dem CAD/CAE-Bereich (CAD = Computer Aided Design (rechnergestützte Konstruktion), CAE = Computer Aided Engineering (rechnergestützte Entwicklung)) dar, in denen die komplette mechanische und schaltungstechnische Realisierung der Maschinenfunktionen entnommen werden kann. Eine korrekte Auswertung der in den Plänen enthaltenen Daten ermöglicht die korrekte Interpretation der Funktion von einzelnen Maschinenkomponenten und deren Bedeutung für einzelne maschinenspezifische Prozesse.

II.4.1.2 CNC-Integrierte Diagnosefunktionen

Zentrale Bedeutung für die Erkennung von Störungen in Fertigungseinrichtungen haben CNC-Steuerungssysteme, die über wesentliche integrierte
Funktionen zur Diagnose verfügen [Stauß 87,Möller 86]. Die heute in Fertigungseinrichtungen eingesetzten CNC-Steuerungen sind mit Fehleranzeige-
systemen ausgerüstet, die bei erkennbaren Funktionsstörungen vordefinierte
Fehlermeldungen generieren und den möglichen Fehlerbereich einschränken.
Die Ausgabe von Fehlermeldungen erfolgt durch Fehlercode, teilweise ergänzt
durch Anzeige eines Klartextes. In der Regel basiert die Codierung von Fehlermeldungen auf einer Klassifizierung nach verschiedenen Fehlerbereichen.
Wesentliches Unterscheidungskriterium ist die Einteilung nach CNC-spezi-
fischen und maschinenspezifischen, sogenannten PLC-spezifischen, Fehlerbereichen (Tabelle II.1).

CNC-spezifische Fehler
Systemfehler : Anzeige von CNC-Hardwarefehlern
Programmierfehler :   Anzeige von Fehlern bei Erstellung von Fertigungsprogrammen
Bedienfehler : Anzeige von Fehlern bei der Bedienung der CNC-Steuerung
Datenfehler : Anzeige von Fehlern bei der Kommunikation der CNC mit externen Rechnersystemen
PLC-spezifische Fehler
Schnittstellenfehler : Anzeige von fehlerhaften Maschinenzuständen
Achs-/Spindelfehler : Anzeige von Fehlern der Wegmeßsysteme und Reglereinstellung

Tabelle II.1 - CNC-Integrierte Fehlermeldungen

Die wichtigsten CNC-Systemkomponenten wie Mikroprozessor, Speicherbausteine, Eingangs- und Ausgangskarten zur Maschinenperipherie werden bei jeder Inbetriebnahme auf ihre Funktionsfähigkeit überprüft. Neben der Fehleranzeige bieten moderne CNC-Steuerungen Hilfsmittel an zur Überwachung von maschinenspezifischen Prozessen. Als Beispiel sei in diesem Zusammenhang die dynamische Signalverfolgung und Statusanzeige der Ein- und Ausgangssignale zwischen Maschinenperipherie und CNC erwähnt [Kief 87]. Bei auftretenden Störungen der Maschinenfunktionen können diese speziellen Diagnosefunktionen vom Bediener an der CNC über bestimmte Tastenkombinationen aktiviert werden. Zusätzlich ist es vorgesehen, bei Bedarf die Zustände der Schnittstellensignale zu verändern. Der Zugriff auf die willkürliche Änderbarkeit der Ein- und Ausgabezustände ist verständlicherweise nur dem erfahrenen Servicepersonal vorbehalten, um etwaiges Fehlverhalten und sich daraus ergebende Schäden zu vermeiden. Die Statusanzeige der aktuellen Schnittstellenbelegung gestattet es, Aussagen über Start und Ende von maschinenspezifischen Teilabläufen zu treffen und Fehler im zeitlichen Ablauf von Zuständsänderungen festzustellen. Der Informationsgehalt der einzelnen Fehlermeldungen ist für die Diagnose unterschiedlich zu bewerten. Bei wenigen Fehlermeldungen ist mit der Anzeige der Fehlermeldung der Fehlerort bekannt, bei dem Großteil der Fehlermeldungen dient die Fehleranzeige nur als Ausgangspunkt für eine intensive Fehlersuche.

II.4.1.3 Maschinenintegrierte Überwachungssysteme

Aufgrund der vielfältigen Aufgaben der CNC, programmierte Anweisungen für die Produktherstellung zu steuern und zu koordinieren, kann die CNC nur einen bestimmten Teil der anfallenden Überwachungsdaten auswerten. Eine erweiterte Zustandserfassung erfordert den Einsatz von zusätzlichen, externen Überwachungssystemen mit eigener und ohne eigene Informationsverarbeitung, die in der Maschinenperipherie integriert sind [Schneider 88].

Überwachungssysteme mit eigener Informationsverarbeitung (z.B. Wegmeßsysteme, Reglersysteme, Systeme zur Werkzeugbruch- und Werkzeugverschleißerkennung [Pfeifer 90c]) übernehmen für speziell ausgerichtete

Aufgaben eine selbständige Datenauswertung. Die Kommunikation zwischen CNC und den adaptierten Systemen beschränkt sich auf die Übertragung von wenigen Zustandsdaten, die von der CNC weiterverarbeitet werden. Stimmt beispielsweise bei der Achspositionierung die vorgegebene Sollposition mit der aktuellen Istposition nicht überein, so erfolgt vom Reglersystem keine Freigabe zur CNC. Erst wenn die Sollposition mit der Istposition übereinstimmt kann die Freigabe erfolgen und die CNC den nächsten Befehl ausführen.

Überwachungssysteme ohne eigene Informationsverfahren stellen vor allem spezielle Sensoren dar wie z.B. Temperaturfühler oder Drucksensoren, die entweder in sogenannten Not-Aus-Ketten integriert und unabhängig von der CNC bei Abweichungen von den normalen Betriebsbedingungen die Maschine stillsetzen oder die direkt die erfaßten Daten der CNC-Steuerung zur Auswertung übergeben.

II.4.1.4 Maschinenintegrierte Prüfsysteme

Zur frühzeitigen Einleitung von qualitätssichernden Maßnahmen noch während des Produktionsprozesses erfolgt die prozeßintermittierende Erfassung von produktspezifischen Merkmalen. Durch den Aufbau von maschinennahen Qualitätsregelkreisen lassen sich die Meßdaten zur Fehlererkennung und Korrektur von Prozeßparametern nutzen. Neben schaltenden Tastern, die schon seit geraumer Zeit zur Beurteilung von Form-, Lage- und Geometrieabweichungen als Meßmittel auf der Bearbeitungsmaschine zum Einsatz kommen, befinden sich andere Sensorsysteme wie flexible Bohrungsmeßdorne oder Oberflächenmeßsysteme im Entwicklungszustand [Pfeifer 90d, Pfeifer 90e]. Allen Meßverfahren gemeinsam ist die flexible und automatisierte Handhabung der Meßmittel, die wie Werkzeuge in die Arbeitsspindel eingewechselt werden. Die Durchführung von Messungen ist in den normalen Fertigungsablauf eingebunden. Nach Einwechseln des Meßsystems erfolgt die Erfassung von Meßdaten und anschließend eine direkte Meßdatenauswertung.

Neben der Problematik, die verschiedenen Meßverfahren so aufzubereiten, daß sie störungssicher im Umfeld ungünstiger Einsatzbedingungen arbeiten, ist die Einbindung in den Fertigungsprozeß sowie die Festlegung geeigneter

Strategien zur Ableitung von Korrekturmaßnahmen und deren Rückführung in den Fertigungprozeß von zentraler Bedeutung.

II.4.2 Maschinenunabhängige Informationsquellen

II.4.2.1 Erfahrungswissen

Im Rahmen spezieller Lehrgänge erfolgt die qualifizierte Ausbildung des Service- und Wartungspersonals. Hierbei werden grundlegende Wissensinhalte zur Ausübung diagnostizierender Tätigkeiten vermittelt (Abb. II.8) [Kief 87]:

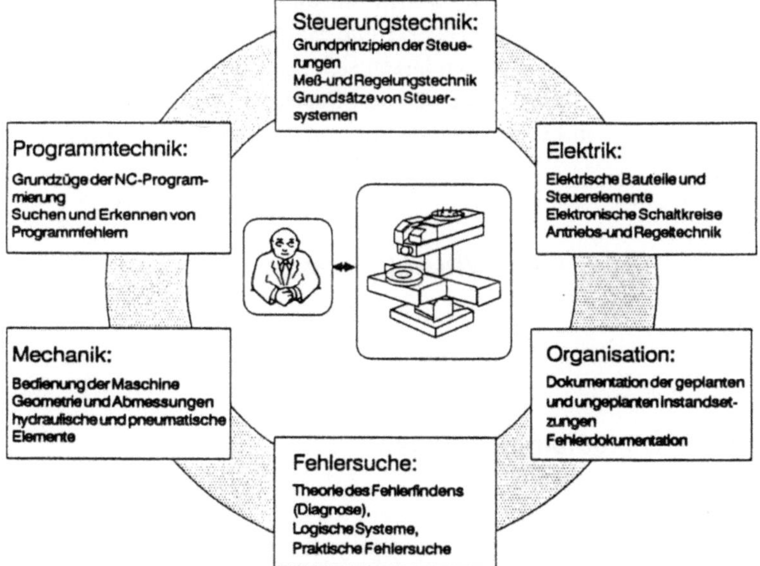

Abbildung II.8 - Anforderungsprofil an Servicepersonal (nach [Kief 87])

Ziel einer solchen Ausbildung ist es, das Servicepersonal derart zu schulen, daß systematische und logisch aufeinander abgestimmteLösungsschritte in Fehlersituationen selbständig erarbeitet werden können. Die Verfügbarkeit solcher Kenntnisse ist aber alleine nicht ausreichend, die Fehlerdiagnose effizient vorzunehmen. Vielmehr zeichnet sich die Fehlersuche von erfahrenen Servicetechnikern durch eine gezielte Vorgehensweise durchzuführender Untersuchungen aus, die sich an beobachteten Untersuchungsergebnissen orientieren. Die Art und Weise des Servicepersonals, vorhandene Diagnosemöglichkeiten von CNC und integrierten Überwachungssystemen bei der Fehlersuche geschickt einzusetzen und zu handhaben, ist wesentlich geprägt durch akkumuliertes Erfahrungswissen. In der Bewertung aktueller Fehlersituationen können die bei der Ausübung von Diagnosetätigkeiten erworbenen Erfahrungen über vergleichbare Fehlersituationen mit einfließen. Die Ausnutzung solcher Heuristiken kann wesentlich den Zeitaufwand für die Fehlersuche verkürzen, da mögliche Fehlerursachen bekannt sind und durch geschickte Symptomerfassung schnell eine Eingrenzung dieser Fehlerursachen möglich ist.

Zu den Tätigkeiten des Servicepersonals gehört auch die ausführliche Dokumentation der Einsätze im Kundendienst, um die aufgetretenen Mängel und Fehlerursachen längerfristig zu erfassen und statistisch auszuwerten. Durch eine sorgfältige Analyse dieser Daten lassen sich signifikante Schwachstellen in Bearbeitungszentren aufzeigen, die für den Service wichtige Hinweise über mögliche Fehlerursachen bei auftretenden Störungen geben [Pfeifer 89b].

II.5 Darstellung der Wissensbasis

II.5.1 Wissensakquisitionsphasen

Die Wissensakquisition beinhaltet alle Aktivitäten, die sich mit der Analyse und Strukturierung der anwendungsbezogenen Wissensinhalte, der Festlegung der Wissensdarstellung und -verarbeitung befassen und die Aufbau und Plege der Wissensbasis betreffen.

Grundlage für die Akquisition stellt die Problemcharakterisierung dar, in der in Kooperation zwischen Experten und Wissensingenieuren die Problemfelder im Anwendungsgebiet umrissen werden. Für die Problemcharakterisierung ist es notwendig, die verschiedenen Wissensbereiche für die Berücksichtigung der Wissensbasis zusammenzustellen. Nach eingehender Vorbereitung und Analyse des faktischen Wissens folgen mehrere Diskussionsrunden mit erfahrenen Personen der Serviceabteilung, in der die Klassifizierung von Begriffen und Fakten und geeignete Problemlösungsstrategien erarbeitet wird. Zwischen den einzelnen Diskussionsrunden wird das gesammelte Datenpotential (Protokolle, Fallbeispiele, Diagramme) überarbeitet, strukturiert und in Form von Fehlersuchlaufplänen abgebildet. In Ergänzung zu den Fachgesprächen können die erworbenen Kenntnisse direkt an einer realen Maschine angewendet, bestimmte Fehlerfälle und die hierfür notwendigen Diagnoseabläufe durchgespielt werden.

Kennzeichnend für die durchgeführte Wissensakquisition ist, daß gleichermaßen heuristisches Wissen, empirische Assoziationen und fachspezifisches Wissen miteinander kombiniert werden. Der Grund für diese breitgefächerte Akquisition beruht auf den Anforderungen des Anwendungsgebietes, für das nur ein Teil der benötigten physikalischen Kenngrößen, die mittels Sensoren rechnerunterstützt erfaßt werden, direkt zur Fehleranalyse eingesetzt werden können. Ein Großteil der notwendigen Informationen muß daher zur Fehlerfindung durch zusätzliche Hilfsmittel bestimmt oder aus anderen Informationen impliziert werden [Held 88].

II.5.2 Struktur der Wissensbasis

Der Aufbau der Wissensbasis orientiert sich an einer funktionalen Strukturierung des technischen Systems Bearbeitungszentrum, wonach eine Gliederung in einzelne physikalische Funktionseinheiten erfolgt (vgl. Abb. II.2). Die Unterteilung endet in den Ebenen, wo den einzelnen Maschinenkomponenten typische Fehlersituationen und Fehlersymptome eindeutig zugeordnet werden können. Die typischen Fehlersituationen ergeben sich aus der Analyse der codierten Fehlermeldungen, in denen der Großteil der in der

Praxis auftretenden Fehler erfaßt ist. Die für die klassifizierten Fehlersituationen abgestimmte Vorgehensweise zur Fehlerdiagnose erfolgt auf
separaten Fehlersuchlaufplänen. Ergebnisse dieser Pläne sind die eindeutige
Fehlerursachenbestimmung und die Vorgabe von durchzuführenden Korrekturmaßnahmen (Abb. II.9).

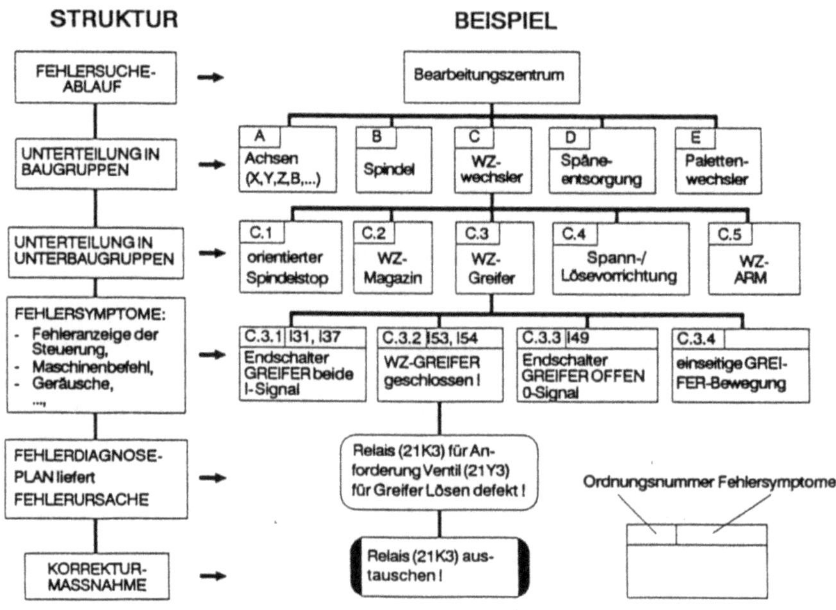

Abbildung II.9 - Struktur der Wissensbasis

Bestandteil der Fehlersuchlaufpläne sind alle notwendigen, logisch aufeinander
abgestimmten Untersuchungen von einzelnen Komponenten und Prozessen, die
bei korrekter Arbeitsweise durchlaufen werden. Die Anordnung der einzelnen
Untersuchungen stimmt mit dem tatsächlichen, physikalischen Ablauf überein.
Beginnend mit der Auslösung eines maschinenspezifischen Prozesses erfolgt
die Ansteuerung einzelner Komponenten, die Durchführung einer mechanischen Zustandssänderung (z.B. Werkzeuggreifer öffnen) und endet mit der
Rückmeldung der neu eingenommenen Position (Greifer offen) zur CNC.

Zur Feststellung von korrekten bzw. fehlerhaften Teilkomponenten sind
Überprüfungsmöglichkeiten zur Zustandserfassung einzelner Komponenten
oder Bauelemente integriert. Die Zustandserfassung kann teilweise durch

einfache optische Überprüfungen, teilweise aber nur unter Zuhilfenahme technischer Meßmittel wie universelle elektrische Meßgeräte zur Spannungs- und Strommessung vorgenommen werden.

Die Fehlersuchlaufpläne bestehen aus einem Netz von Entscheidungsknoten, die miteinander verbunden sind. Die weitere Vorgehensweise während der Fehlerdiagnose ist durch die an den Knoten vorliegenden Werte bestimmt.

Im Gegensatz zum Wissen über die Maschinenstruktur kann das akquirierte Erfahrungswissen eher als unsicher betrachtet werden. Die Unsicherheit des heuristischen Wissen ergibt sich aus dem unterschiedlichen Kenntnisstand und der Qualifikation von Experten, die zu verschiedenen Beurteilungen von Fehlersituationen führen und unterschiedliche Vorgehensweisen bei der Diagnose begründen. Für den Aufbau einer nicht maschinenspezifischen Wissensbasis muß das Erfahrungswissen in geeigneter Form in die Fehlersuchlaufpläne integriert werden. Die Bewertung unterschiedlicher Strategien in Fehlersituationen führt zu dem Ergebnis, optimale Einsprungsstellen (Markierungspfeile) für eine effiziente Fehlersuche bei der Abarbeitung der Fehlerbäume zu definieren.

II.5.3 Beispiele zur Wissensbasis

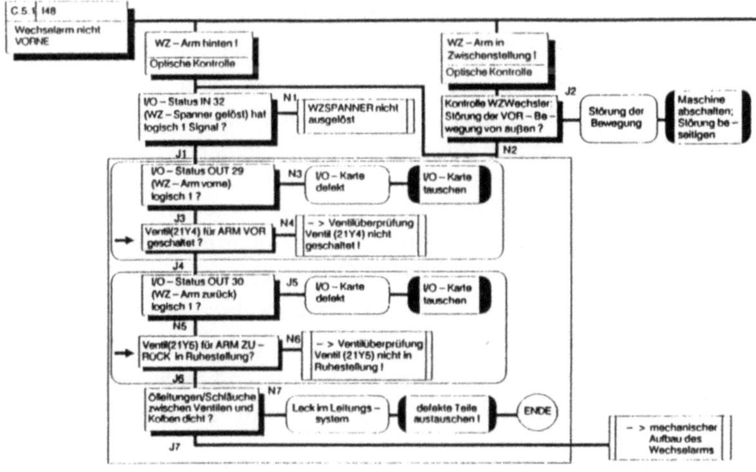

Abbildung II.10 - Fehlersuchlaufplan zur Fehlerdiagnose Werkzeugarm

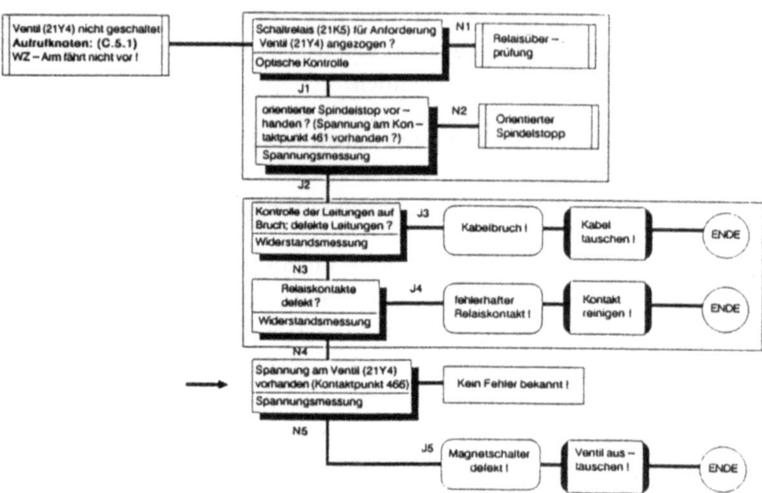

Abbildung II.11 - Fehlersuchlaufplan zur Ventilüberprüfung

Der Aufbau der Fehlersuchlaufpläne ist am Beispiel eines Fehlers im Ablauf
der Armbewegung des Werkzeugwechslers dargestellt (Abb.II.10, II.11).
Ausgangspunkt stellt die Fehlermeldung "Wechselarm nicht vorne" dar, die
mit der Kennung I48 codiert ist. Nach Feststellung der vorliegenden Arm-
position ("hinten", "in Zwischenstellung", "vorne") können die einzelnen Start-
und Rückmeldesignale, die den Ablauf der Armbewegung steuern, an der CNC
verfolgt werden. Befindet sich der Arm in einer undefinierten Zwischenstellung innerhalb der beiden Endpositionen ("vorne" und "hinten"), muß der
Werkzeugarm durch manuelles Verfahren vor einer erneuten Befehls-
durchführung in eine definierte Position gebracht werden.

Falls der gewünschte Prozeß "Werkzeugarm nach vorne fahren" nicht initiiert
wird, müssen die einzelnen Elemente zur Ansteuerung der mechanischen
Vorrichtung überprüft werden. Als Fehlerursachen beim Ausfall der
Ansteuerung kommen z.B. alle Schaltelemente (Relais, Ventile), Fehler der
IO-Karte oder Leitungsfehler in Frage. Bei Erkennung eines nicht geschalteten
Ventils sind sämtliche Elemente zwischen IO-Karte und fehlerhaftem Ventil zu
prüfen, die auf einem separaten Fehlersuchlaufplan dargestellt sind.

Die während der Fehlerdiagnose erfaßten Informationen ergänzen den
jeweiligen aktuellen Kenntnisstand und engen den möglichen Fehlerbereich
ein. Der Vorgang der Überprüfung einzelner Komponenten wiederholt sich so

lange, bis eine tatsächliche Fehlerursache erkannt und eine geeignete Abhilfemaßnahme vorgeschlagen wird.

II.6 Zusammenfassung

Die dargestellten Ausführungen demonstrieren Wege und Verfahren für den Aufbau komplexer Wissensbasen, die die Grundlage für eine rechnerunterstützte Diagnose an Maschinen und Anlagen bildet. Die Ergebnisse der Untersuchungen zeigen, daß für eine umfassende Überwachung und Diagnose eine Vielzahl von auf einander aufbauenden Einzelmaßnahmen notwendig ist. Die Übertragung der hier skizzierten Struktur der Wissensbasis für beliebige Diagnoseanwendungen technischer Systeme ist möglich.

Eine wirkungsvolle rechnergestützte Diagnose als integraler Bestandteil von Steuerungssystemen von Fertigungsanlagen ist nur dann zu erzielen, wenn eine hinreichende Abbildung der Wissensbereiche möglich ist und eine auf die Qualifikation der Anwender zugeschnittene Vorgehensweise bei der Konsultation unterstützt wird.

Die Untersuchungen haben weiterhin die Notwendigkeit von verbesserten Akquisitionsverfahren aufgezeigt, die durch die Verwendung von modellbasierten und fallbasierten Techniken gekennzeichnet sind. Langfristig können solche Verfahren zu praxistauglichen, automatisierten Akquisitionssystemen führen, die dazu beitragen können, den bis heute hohen personellen und zeitlichen Aufwand für den Wissenserwerb deutlich zu reduzieren.

III Anforderungen an ein technisches Diagnosesystem

III.1 Allgemeine Anforderungen

Expertensysteme, wie allgemein Softwaresysteme, lassen sich auf drei verschiedenen Ebenen beschreiben und diskutieren. Diese Ebenen stellen sich wie folgt dar:

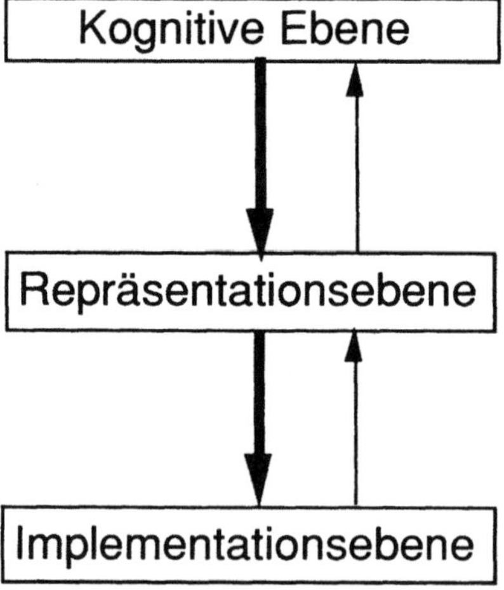

Abbildung III.1 – Die drei Ebenen

Auf der kognitiven Ebene werden Sachverhalte zwar rational, aber informell beschrieben; auf dieser Ebene diskutieren Menschen, ohne direkt Bezug auf Rechnersysteme zu nehmen. Auf der mittleren Ebene, der Repräsentationsebene werden die Dinge formal dargestellt, aber es wird nicht unbedingt Bezug auf spezielle Datenstrukturen und algorithmische Details genommen. Die tiefste Ebene ist die der Implementierung, hier wird insbesondere auch auf die verwendeten Datenstrukturen (z.B. Listen, Bäume usw.) eingegangen.

Von oben nach unten findet eine steigende Detaillierung statt. Probleme werden normalerweise zuerst auf der kognitiven Ebene formuliert und dann, wie durch die fett gedruckten Pfeile angedeutet, nach unten projiziert. Diese Projektionen sollen natürlich möglichst den Ideengehalt der jeweils oberen Ebene erhalten; es findet jedoch oft eine Simplifizierung statt, nicht selten sogar eine Verfälschung. Einen strengen Beweis der Übereinstimmung zwischen informeller und formaler Beschreibung kann man natürlich prinzipiell nicht liefern, wohl aber gegebenenfalls einen zwischen der formalen Beschreibung und der Implementation. Die Pfeile von unten nach oben sollen die Ergebnisse den oberen Ebenen verständlich machen, sie spiegeln die Möglichkeit von Erklärungen wider.

Um Expertensysteme beschreiben und vergleichen zu können, haben wir drei Aspekte zu beachten:

Anforderungen - Funktionalität - Architektur

Anforderungen:

Anforderungen an die erwünschte Funktionsweise eines Expertensystem lassen sich zunächst informell auf der kognitiven Ebene beschreiben. Die hier verwendete Ausdrucksweise (meist in natürlicher Sprache formuliert) ist der des Experten und Benutzers am nächsten und gibt deshalb am wenigsten Anlaß zu fehlerhaften Beschreibungen. Eine informelle Beschreibung ist dabei der Ausgangspunkt für eine anschließende Überführung in eine formale Spezifikation. Diese erfolgt in einer formalen Sprache auf der Repräsentationsebene und dient als Basis der Implementierung und etwaiger Korrektheitsansprüche. Gewöhnlich ist der Übergang von den informellen zu den formalen Anforderungsbeschreibungen eine Fehlerquelle, weil auf der informellen Ebene noch häufig Bezug auf unausgesprochenes Kontextwissen genommen wird, das dann auf der Repräsentationsebene nicht mehr erscheint.

Bei den Anforderungen unterscheiden wir grundsätzlich zwei Arten:

(I) Anforderungen an das Ein- Ausgabeverhalten:

Diese betreffen die spezifische Funktionalität des Systems und sind auf der formalen Ebene Gegenstand der Spezifikation. Hierzu gehört z.B. "Beende die Diagnose, wenn Schalter 7 nicht arbeitet". Weiter gehört hierhin i. allg. der Inhalt der Wissensbasis, der u.a. die Fehlerdefinitionen, die Abhilfemaßnahmen und ähnliches enthält. Ein nicht geringer Teil der Anforderungen kann in einer deklarativen Programmiersprache explizit in der Wissensbasis abgelegt werden.

(II) Anforderungen allgemeiner Art:

Diese beinhalten Wünsche an die Effizienz der Verarbeitung, an allgemeine Repräsentationsmechanismen und an andere Fähigkeiten des Systems, wie z.B. "Stelle zeitliche Verläufe dar" oder "Ermögliche das Einbringen von Benutzerhypothesen".

Die Grenzen zwischen (I) und (II) sind nicht ganz scharf, was man an der Anforderung "Erkläre die Diagnose" sieht. Bei den allgemeinen Anforderungen liegt noch nicht fest, wie sie sich im Ein- Ausgabeverhalten äußern sollen. Der Allgemeinheitscharakter macht diese Anforderungen aber gerade interessant, weil sich Lösungsvorschläge zur Realisierung nicht nur auf eine spezielle Aufgabe beziehen können und deshalb eher die Möglichkeit einer breiteren Verwendbarkeit bieten. Zwischen diesen beiden Arten von Anforderungen liegen noch solche, die sich auf eine bestimmte Klasse von Aufgaben beziehen. Von diesen sind hier natürlich solche von Interesse, die sich auf Systeme zur Fehlerdiagnose technischer Geräte beziehen. Wenn im weiteren Verlaufe von Anforderungen gesprochen wird, dann sind stets solche allgemeiner Art gemeint.

Funktionalität:

Die Funktionalität des Systems entspricht seinem tatsächlichen Ein/Ausgabeverhalten, so wie es der Benutzer sieht. Das erstellte Expertensystem kann dann (oder auch eben nicht) die in den Anforderungen erwünschte

Funktionalität besitzen. Im positiven Fall beinhaltet die Übereinstimmung der formalen Spezifikation mit der Funktionalität des Systems eine Art Korrektheit des Systems. Diese sicherzustellen ist eine Aufgabe der Test- und Verifikationsphase bei der Erstellung des Systems. Im traditionellen Softwareentwurf nimmt sie eine breiten Raum ein, im Expertensystembereich sind die hierfür nötigen Methoden weniger stark entwickelt. Grundsätzlich ist ein Expertensystem natürlich auch ein (großes) Softwaresystem. Der Schwerpunkt und die Thematiken sind aber ebenso wie die Methoden ein wenig anders; vor allem werden dem System Aufgaben auferlegt, die vorher der Programmierer übernommen hatte.

Architektur:

Die für den Benutzer in großen Teilen unsichtbare Struktur des Systems nennt man auch seine *Architektur*. In der Architektur des Systems ist dann reflektiert, wie die Funktionalität realisiert wurde. Das kann häufig durch verschiedene Mechanismen geschehen. Die einzelnen Elemente der Architektur werden dann durch die Implementierung realisiert. Beschrieben werden kann die Archtiktur auf sehr abstrakten wie auch sehr implementierungsnahen Ebenen; beim Entwurf der Architektur kann diese z.B. top-down entwickelt werden.

Die drei diskutierten Aspekte sind nicht nur für den Entwurf von Expertensystemen von Bedeutung, sondern sie sind gleichzeitig die Grundlage für die Beschreibung und Bewertung eines Systems und für den Vergleich zwischen Systemen. In einem konkreten Fall ist bei den aufgabenspezifischen Anforderungen stets der allgemeine Aspekt herauszuarbeiten. Was ist bei Bewertungen und Vergleichen zu berücksichtigen? Dies sind im wesentlichen die folgenden Punkte:

- Sind die informellen Anforderungen üblich, einfach, neu oder ungewöhnlich schwierig?

- Sind die Anforderungen an zwei Systeme vergleichbar?

- Entspricht die Funktionalität den Anforderungen?

- Ist die Architekturrealisierung der Funktionalität adäquat (also z.B. nicht überdimensioniert)?

- Konnte bei der Realisierung auf Standardtechniken zurückgegriffen werden und wo ist das gegebenenfalls erfolgt?

- Sind Standardtechniken verbessert worden?

- Wo waren Innovationen bei der Realisierung erforderlich und wie sind sie zu bewerten?

- Wo haben Schwierigkeiten bei der Realisierung zu Abstrichen bei der Funktionalität geführt?

- Welche Anforderungen standen im Widerstreit und welche sind gegebenfalls bevorzugt behandelt worden?

Jetzt wollen wir die Anforderungen selber diskutieren. Weil das in gewisser Allgemeinheit und nicht nur im Hinblick auf unser konkretes System erfolgen soll, muß es sich darum handeln, mögliche Anforderungen aufzuzählen; spezielle aufgabenspezifische Anforderungen werden wir hier weniger besprechen. Manche Anforderungen beziehen sich auf allgemeine Expertensysteme, während andere auf die Diagnostik bezug nehmen. Daß es sich um eine technische Domäne handelt, kommt teilweise implizit und teilweise in Abschnitt 2 dieses Kapitels zum Ausdruck. Auch im Hinblick auf Diagnosesysteme ist zu beachten, daß viele Anforderungen von mehr oder weniger allgemeinem Charakter sind.

Dabei ist grundsätzlich auch zu berücksichtigen, daß in die Anforderungen nicht nur die spezielle Art der Problematik eingeht, sondern auch Fragen des Umfanges des Wissens und ähnliches. Interessant und zu Problemen Anlaß gebend sind gegenläufige Anforderungen, also etwa solche, die um dieselben Ressourcen konkurrieren; ein generelles Problem ist dabei stets der Gegensatz von Ausdrucksfähigkeit des Repräsentationsmechanismus und Komfort der Architektur auf der einen und Effizienz auf der anderen Seite.

Um einen Überblick zu bekommen, wollen wir die wichtigsten von ihnen jetzt vorstellen. Die Gruppeneinteilung in der folgenden Übersicht faßt dabei solche Anforderungen zusammen, die in derselben (unmittelbar einsichtigen) Kategorie liegen.

Eingabe:

Plausibilitätsüberprüfung der Eingabe
Rücknahmemöglichkeit fehlerhafter Eingaben

Benutzerinteraktion:

Leichte Bedienbarkeit durch den Anwender
Verwendung von Standardvokabular
Benutzer kann ständig Hypothesen einbringen
Dialogkomponente für alle Eingabearten
Erklärung, besonders Angabe von Alternativen, Unsicherheiten und Risiken; Möglichkeit von Fragen

Wissensakquisition:

Softwareunterstützung bei der Wissensakquisition
Selbständiges Lernen des Systems aus Erfahrung

Wissensbasis:

Modularisierung der Wissensbasis
Transparenz der Wissensbasis
Leichte Aktualisierung der Wissensbasis
Leichte Verallgemeinerbarkeit auf verwandte Probleme

Diagnostik:

Effiziente Diagnosefindung
Diagnosevorschlag auch bei unvollständigem und unsicherem Wissen
Erkennen von Mehrfachdiagnosen
Leichte Unterscheidung ähnlicher Diagnosen
Notfalldiagnostik
Abhilfe- und Reparaturvorschlag

Temporale Aspekte:

Repräsentation von Zeitangaben
Darstellung zeitlicher Verläufe
Auswertung von Folgesitzungen

Solche Anforderungen können sich in einem Diagnosesystem ganz verschieden niederschlagen. Weder die genaue Funktionalität des Systems im Detail noch die Realisierung durch eine Architektur werden hierdurch determiniert. Der Schwierigkeitsgrad für eine Realisierung hängt dabei wesentlich von der Kombination der Anforderungen und der Komplexität der Wissensbasis ab.

III.2 Anforderungen aus Sicht der speziellen Anwendung

Neben den allgemeinen Anforderungen betont jeder Anwendungsbereich ganz spezielle Aspekte. Dadurch werden generell mögliche Anforderungen ergänzt, modifiziert oder auch eingeschränkt. Die hier vorliegende Anwendung gewinnt ihr Hauptcharakteristikum dadurch, daß sie einem industriellen Bereich entstammt; wichtige Punkte wurden schon in Kapitel II abgehandelt. Zentral ist die Forderung, sowohl die Produktqualität als auch die Verfügbarkeit von Fertigungsmaschinen gleichwertig beim Aufbau eines Diagnosesystems zu berücksichtigen. Dadurch werden die insgesamt an Bearbeitungszentren auftretenden Fehlerarten abgedeckt und es wird ermöglicht, gemeinsame und unabhängige Fehlerursachen von Maschine und gefertigten Produkten zu erkennen. Einige Konsequenzen dieser Sichtweise wollen wir festhalten.

Die schnelle Wiederverfügbarkeit von ausgefallenen Maschinen verlangt, daß normale Servicetechniker und Maschinenbediener im Regelfall die Diagnose stellen können sollen und dementsprechend unterstützt werden müssen. Dazu kann eine graphische und textuelle Aufbereitung der Lösung mit einem gewissen Erklärungscharakter hilfreich sein, wodurch sich die Forderung nach einer anwenderfreundlichen Bedienoberfläche ergibt. Desweiteren resultiert hieraus generell die Forderung nach *Einfachheit*, und zwar in mehrfacher Hinsicht. Die Wissensbasis sollte einfach zu erweitern und zu modifizieren sein, die Wissensakquisition sollte einfach (evtl. halbautomatisch, durch maschinelle Lernverfahren unterstützt) ablaufen und auch jede Diagnosesitzung sollte unkompliziert und schnell ablaufen. Die Unkompliziertheit verlangt die Verwendung von Ausdrucksweisen, die einerseits kurz hinzuschreiben sind, aber andererseits der Ausdrucksweise des Technikers angepaßt sind, damit er keine fehleranfälligen Umcodierungen vornehmen muß.

Aus dieser Sicht wird also eine Reihe der allgemeinen Anforderungen favorisiert. Wie eine Anfordung eingeschränkt und modifiziert bzw. genauer spezifiziert wird, sehen wir am Beispiel der Notfalldiagnostik. Sie ist zwar weniger wichtig als im medizinischen Bereich, jedoch sollte die Diagnose nach Möglichkeit vorzeitig abgebrochen werden, wenn eventuell mit einem noch größeren Defekt der Maschine bei Fortführung der Diagnose zu rechnen ist. Das bedeutet, daß eine Diagnose und eine entsprechende Abhilfemaßnahme auf einer 'höheren' Ebene zur Verfügung gestellt werden müssen (z.B. kompletten Motor austauschen).

Wir werden uns später bei der Diskussion von MOLTKE und seinen Variationen auf das vorgelegte Schema beziehen. Anhand dieses Schemas wird dann auch eine Bewertung vorgenommen. Speziell wird dabei auch für nicht realisierte Anforderungen auf die Schwierigkeit einer Ergänzung eingegangen werden. Manche Anforderungen lassen sich leicht durch eine nachträgliche Ergänzung befriedigen, bei anderen muß ein mehr oder weniger starker Eingriff in die Gesamtarchitektur erfolgen und bei wieder anderen ist dies grundsätzlich problematisch, wenn nicht zur Zeit sogar ungelöst. So kann man eine Erklärungskomponente nur einer erklärfähigen Inferenzmaschine hinzufügen und die Darstellung zeitlicher Aspekte ist nur in einem sehr eingeschränkten Rahmen möglich.

IV Der vorgehensorientierte Ansatz: MOLTKE 1

IV.1 Vorbemerkungen

MOLTKE 1 ist ein erstes regelbasiertes Expertensystem zur Diagnose von CNC-Bearbeitungszentren. Die wichtigsten seiner Elemente treten auch in FOMEX (siehe Kapitel VI) und den späteren Erweiterungen auf. Auf die gemeinsamen Grundbestandteile wird hier der Schwerpunkt gelegt; Konzepte, die erst später ihre volle Ausprägung erfahren, werden an den jeweiligen Stellen behandelt.

MOLTKE 1 ermöglicht die Kombination von regelbasierter und frameorientierter Programmierung. Die Ziele des Diagnosesystems MOLTKE 1 vom Standpunkt des Benutzers (und Softwareengineers) resultieren aus den in Kapitel III diskutierten Anforderungen. Einige wichtige Punkte seien kurz aufgeführt:

<u>Darstellung des gesamten Diskurswissens</u>
- Es werden Basisregeln repräsentiert, die aus den Fehlersuchlaufplänen gewonnen wurden. In Fehlersuchlaufplänen steckt der größte Teil des Diagnosewissens; sie werden in Kapitel V näher behandelt.

<u>Organisierbarkeit großer Wissensmengen</u>
- modularer Aufbau der Wissensbasis durch Einführung von komplexen Wissenseinheiten (hier Kontexte genannt).
- explizite regelbasierte Ablaufkontrolle durch Kontrollregeln

- objekt/frameorientierte Wissensdarstellung mit "Procedural Attachment"
- weitgehende Unabhängigkeit von der Größe der Wissensbasis durch hierarchische Vorgehensweise bei der Problemlösung

<u>Minimierung des Benutzeraufwandes</u>

- automatisches Ableiten von abhängigen Symptomwerten
- gleichzeitiges Abfragen miteinander erhebbarer Symptome (Gruppenbildung)

<u>Plausibilitätskontrolle bei der Eingabe</u>

<u>Softwareunterstützung für die Wissensakquisition</u>

- inkrementelle Erweiterbarkeit der Wissensbasis
- Smalltalk-80-Test- und Entwicklungsumgebung inklusive Frame- und Regelbrowser sowie Debugginghilfen

<u>Leichte Bedienbarkeit durch den Anwender</u>

- funktional ausgerichtete Oberfläche mit Eingabe- /Ausgabefenstern und Browsern

<u>Leichte Aktualisierbarkeit der Wissensbasis</u>

- objekt-/frameorientierter Aufbau der Wissensbasis
- regelbasierte Fehler- und Abhilfefindung
- überschaubare Regelmengen durch Kontexte

<u>Erklärungsmechanismus</u>

IV.2 Beschreibungselemente

Dem System MOLTKE 1 liegt ein vorgehensorientierter Ansatz als Realisierung des Top-Level-Diagrammes aus Kapitel I zugrunde. Dabei ist die Grundfrage des Vorgehens: Welche Untersuchung muß als nächste durchgeführt werden, um in eine Situation zu gelangen, in der eine *Diagnose* gestellt werden kann? Die anderen beiden Basisbegriffe sind auch hier *Symptom* und *Untersuchung*, vgl. Kap.I. Diese grundsätzlichen Beschreibungselemente werden in diesem Abschnitt detailliert und konkretisiert.

Fakten und Bedingungen in Regeln werden durch Formeln der Prädikatenlogik der ersten Stufe dargestellt, und Inferenzen werden durch

Regelanwendungen und Vererbungen erhalten. Zur Abarbeitung des Regel-wissens wird ein Interpreter zur Verfügung gestellt, der mit verschiedenen Strategien aktiviert werden kann. Dieses so repräsentierte Wissen wird nun in MOLTKE 1 durch eine zentrale Form von Wissenseinheiten, die *Kontexte*, strukturiert. Kontexte lassen sich aus zwei Sichtweisen heraus verstehen:

<u>Der Software-Engineering-Standpunkt:</u>
Logisch zusammengehörende Regeln werden zu Regelmoduln zusammengefaßt und bewirken so eine Strukturierung der Wissensbasis.

<u>Der technisch-physikalische Standpunkt:</u>
Die Aufrufhierarchie der Kontexte orientiert sich grob an der realen (physikalischen) Bauteilhierarchie der CNC-Maschine.

Kontexte sind ein Modularisierungselement, das sich in allen Versionen des MOLTKE-Projektes wiederfindet. Inhaltlich können Kontexte auch als Verfeinerungen von Diagnosen angesehen werden und bilden in diesem Sinne eine Hierarchie. Daraus resultiert eine Darstellung von Fehlern auf verschie-denen Abstraktionsniveaus. In der Fehlerhierarchie stehen die Diagnosen nicht mehr auf einer Ebene nebeneinander, was bei mehreren hundert oder tausend Fehlern den Überblick schwierig und die Wartung teuer macht. Auch menschliche Experten unterscheiden verschiedene "Qualitäten" von Diagnosen, z.B. Grob-, Zwischen- und Enddiagnosen. Auf Hierarchien werden wir bei der Beschreibung des FOMEX-Systems in Kapitel VI noch näher eingehen.

Ein Kontext enthält zwei separate Regelmengen: *Kontextregeln* und *Diagnoseregeln*. Die Kontextregeln steuern den Ablauf der Diagnose und dienen dadurch der Navigation durch den Suchraum. Dies beinhaltet

- Starten und Beenden des Interpreters für Diagnoseregeln
- Aktivierung eines Nachfolgekontextes
- Ausgabe von Diagnose und Abhilfemaßnahmen
- Beenden der Diagnose.

Kontextregeln repräsentieren also explizit Kontrollinformationen, dadurch entsprechen sie Metaregeln im herkömmlichen Sinn. Diagnoseregeln bein-halten das Wissen des Experten, das sich in drei Teile gliedern läßt:

- Allgemeines ingenieurmäßiges Hintergrundwissen, etwa Wissen über funktionale Zusammenhänge zwischen einzelnen Symptomausprägungen.
  Beispiel: Wenn Ventil5Y1 in Ruhestellung ist, dann ist der IO-Status OUT7 logisch 0 und der IO-Status IN35 logisch 1.
- Wissen über die Zuordnung einer Situation zu einem Fehler.
  Beispiel: Wenn Ventil5Y1 nicht geschaltet ist, die Kabel in Ordnung sind und keine Spannung am Ventil25Y1 anliegt, dann ist der Magnetschalter defekt.
- Heuristisches Wissen, vor allem Wissen über die Reihenfolge der Symptomerhebung. Es wird in MOLTKE 1 durch die Reihenfolge der Diagnoseregeln und die Reihenfolge der Symptome innerhalb einzelner Regeln dargestellt.

Desweiteren enthalten Kontexte die aktuelle Bindungsumgebung des Interpreters. Diese Umgebung enthält alle Untersuchungen, auf die die Regeln eines Kontextes zugreifen dürfen. Die im Verlauf der Abarbeitung der Diagnoseregeln eines Kontextes gefundenen Grob-, Zwischen- oder Enddiagnosen werden vom jeweiligen Kontext lokal verwaltet. Diese Informationen nutzen die Kontextregeln aus, um Nachfolgekontexte zu aktivieren.

Der Zeitaufwand zur Bestimmung der nächsten Aktion ist nur abhängig von der Anzahl der Regeln innerhalb eines Kontextes. Durch die Strukturierung der Wissensbasis in einzelne Kontexte wird deshalb erreicht, daß der Aufwand der Interpretation der Regeln lokal konstant bleibt. Dies wird noch durch die an der Diagnosehierarchie orientierte Vorgehensweise bei der Problemlösung unterstützt.

Ein weiterer Vorteil des modularen Aufbaus liegt in der Übersichtlichkeit und in der inkrementellen Erweiterbarkeit des Systems. Wird die Maschine um ein Bauteil erweitert, so genügt es, einen neuen Bauteilkontext einzufügen und die entsprechenden Schnittstellen zu anderen Kontexten über Regeln zu definieren.

IV.3 Beschreibung der Funktionalität und Architektur

IV.3.1 Funktionaler Überblick

Eine Reihe funktionaler Eigenschaften wurden schon in den Vorbemerkungen angeführt. Wir ergänzen dies noch um den groben Ablauf einer Diagnosesitzung, der eine Verfeinerung des allgemeinen Top-Level-Diagrammes aus Kapitel I darstellt. Er gestaltet sich in MOLTKE 1 wie folgt:

Erster Schritt:
> Erstellen einer Grobdiagnose. Da sich die Aufrufhierarchie der Kontexte an der Bauteilhierarchie der Maschinenkomponenten orientiert, wird zunächst die Fehlermeldung der CNC-Steuerung vom Benutzer erfragt. Auf diese Weise können bereits viele Fehler ausgeschlossen werden.

Verfeinerungsschritte:
> Die Grobdiagnose wird solange verfeinert bis eine Enddiagnose erreicht ist. Die Verfeinerung erfolgt aufgrund der Evaluation der Regeln in den einzelnen Kontexten. Der Benutzer kann dabei die Regeln so mit Prioritäten belegen, daß die Reihenfolge der Regeln sein Problemlöseverhalten widerspiegelt. Wenn das System einen Symptomwert benötigt, aber ihn nicht selbst ableiten kann, wird eine entsprechende Frage an den Benutzer gestellt.

Ausgabe:
> Eine Diagnosesitzung endet mit der Ausgabe einer Enddiagnose und einer zugehörigen Abhilfemaßnahme.

IV.3.2 Architektur

IV.3.2.1 Repräsentation von Wissen

Das fehlerhafte Verhalten eines CNC-Bearbeitungszentrums äußert sich in anormalen Symptomwerten. Werte von Symptomen werden durch geeignete Untersuchungen erhoben. Bestimmte Symptome können nur in einer bestimmten Umgebung (z.B. in einem Bauteil der Maschine) auftreten. Diese Umgebung bezeichnen wir hier wieder mit "Kontext". Zur objektorientierten Darstellung dieses Wissens über ein CNC-Bearbeitungszentrum unterscheidet MOLTKE 1 drei Basisklassen:

- Kontexte
- Untersuchungen
- Symptome

Es ergibt sich folgende grobe Architekturbeschreibung:

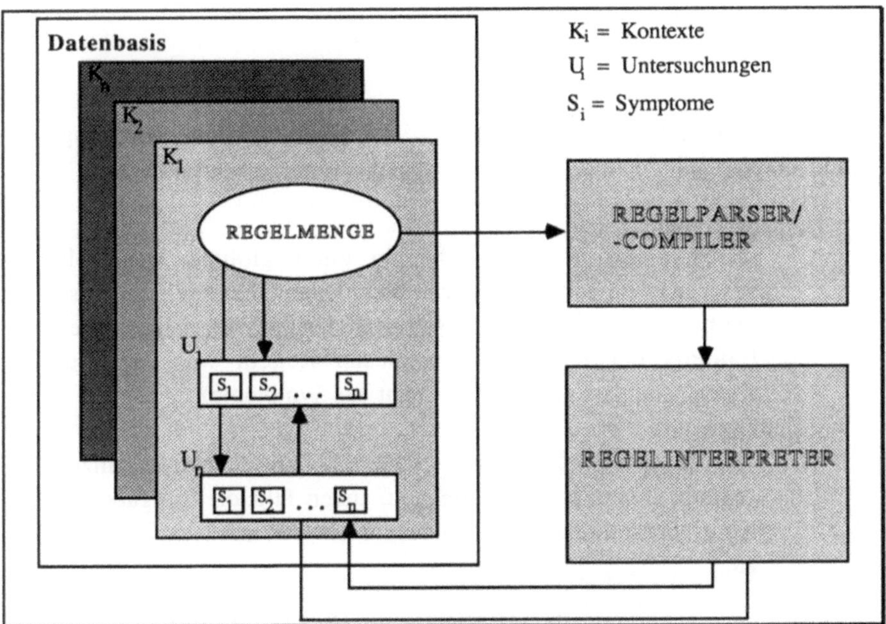

Abbildung IV.1 – Architektur von MOLTKE 1

IV.3.2.2 Kontexte

Kontexte stellen in MOLTKE 1 Wisseneinheiten dar. Es existiert ein "oberster" Kontext mit dem Namen `DiagnoseProzess` und weiterhin zu jedem Bauteil der CNC-Maschine ein entsprechender Bauteilkontext. Die Aufgabe von DiagnoseProzess ist etwas umfangreicher als die der anderen Kontexte. Er übernimmt zusätzlich die Speicherung aller Grob- und Zwischendiagnosen, sowie die Ausgabe der Enddiagnose und der entsprechenden Abhilfemaßnahme. Im folgenden wird ein kurzer Überblick über die einzelnen Wissenselemente der Kontexte gegeben wie Regeln, Objektmengen, Diagnosen und Interpreter.

IV.3.2.2.1 Regeln

Sowohl DiagnoseProzess als auch die restlichen Kontexte beinhalten Diagnose- und Kontextregeln, deren Aufgabe im folgenden beschrieben wird:

<u>Diagnoseregeln</u>
> Die Diagnoseregeln werden in einer globalen Variable gespeichert, die allen Instanzen dieses Kontextes zugänglich ist. Sie beinhalten das Wissen, das für die Diagnose eines speziellen Bauteils notwendig ist. In diesen Regeln wird nur auf Untersuchungen zugegriffen (nicht auf Symptome).

<u>Kontextregeln</u>
> Auch diese Regeln werden in einer für alle Kontextinstanzen zugänglichen Variablen abgelegt. Ihnen fällt die Aufgabe der Kontrolle während der Diagnose eines bestimmten Kontextes zu.

Kontrollwissen explizit darzustellen kann für die Entwicklung großer Wissenbasen von entscheidendem Vorteil sein. Die Problematik bei Systemen, bei denen die Kontrolle implizit vorhanden ist, besteht darin, daß entweder nur eine fest vorgegebene Kontrollstrategie zur Verfügung gestellt und/oder anwendungsspezifisches Wissen und Kontrollwissen schlecht strukturiert bzw. "unsauber" getrennt wird. Dies führt oft zu Wissensbasen, die schwierig zu durchschauen, modifizieren, debuggen und erklären sind. Bei anwendungs-orientierten Systemen werden häufig problemabhängige Kontrollstrategien benötigt, die man zu Beginn der Entwicklung noch nicht kennt. Dies erfordert einen Formalismus, in dem Kontrollstrategien einfach beschrieben und modifiziert werden können. In MOLTKE 1 wird dieser Formalismus durch die Kontextregeln repräsentiert und durch diese Trennung von Anwendungs- und Kontrollwissen ein hohes Maß an Flexibilität und Transparenz garantiert.

Über die Kontexte erfolgt eine Strukturierung der Gesamtheit aller Regeln, die zur Diagnose einer CNC-Maschine dienen. Der Vorteil eines solchen modularen Aufbaus liegt in der Übersichtlichkeit und der inkrementellen

Erweiterbarkeit des Systems. Wird das Maschinenmodell um ein Bauteil erweitert, so genügt es, einen neuen Bauteilkontext einzuführen und die entsprechenden Schnittstellen zu anderen Kontexten über Regeln zu definieren. Hätte man einen prozeduralen Ansatz gewählt, müßte man in bereits existierenden Routinen Änderungen vornehmen, was erhebliche Einbußen bzgl. der Überschaubarkeit des Systems zur Folge hätte.

IV.3.2.2.2 Objektmenge

Jeder Bauteilkontext besitzt eine Objektmenge, die im Verlauf der Diagnose das aktuelle Working-Memory für die Interpreter darstellt. Die Objektmenge enthält alle Untersuchungen, auf die die Regeln dieses Kontextes zugreifen dürfen. Desweiteren enthält sie den Diagnose- und den Kontextinterpreter sowie den aktuellen Kontext. Die Objektmenge wird im Verlaufe der Diagnose um die gefundenen Grob- oder Zwischendiagnosen erweitert, die intern wiederum als Kontexte repräsentiert werden.

IV.3.2.2.3 Grob-, Zwischen- und Enddiagnosen

Die Grob-, Zwischen- und Enddiagnosen werden vom jeweiligen Kontext lokal verwaltet. Die Enddiagnose wird an den aufrufenden Kontext zurückgegeben. Die Kontexte für die Grob- bzw. Zwischendiagnosen werden bei Bedarf instantiiert, d.h. liefert ein "Zwischendiagnosekontext" eine gültige Enddiagnose, so werden die restlichen Zwischendiagnosen ignoriert. Wird jedoch von einem "Zwischendiagnosekontext" als Enddiagnose "kein Fehler bekannt" zurückgegeben, so wird der nächste Kontext, der eine Zwischendiagnose darstellt (falls vorhanden), instantiiert.

IV.3.2.2.4 Interpreter

In MOLTKE 1 wird sowohl die Möglichkeit des Vorwärtsschließens als auch die des Rückwärtsschließens zur Verfügung gestellt. Trotzdem muß der Benutzer nicht zwei verschiedene syntaktische Formen von Regeln erlernen, da sowohl Vorwärts- als auch Rückwärtsinterpreter auf der gleichen Regelsyntax arbeiten. Jedem Bauteilkontext werden dabei zwei Vorwärts- und ein Rückwärtsinterpreter zugeordnet. Bei den Vorwärtsinterpretern handelt es sich um einen Diagnose- und einen Kontextregelinterpreter, die jeweils mit unterschiedlichen Strategien arbeiten. Kontextregeln werden dabei abgearbeitet, bis eine (Zwischen-) Diagnose erreicht ist. Der Diagnoseinterpreter bricht dagegen die Bearbeitung erst ab, wenn keine Regel mehr feuerbereit ist.

Der Rückwärtsinterpreter wird in MOLTKE 1 vom Diagnoseinterpreter aufgerufen. Trifft der Matcher bei der Auswertung einer Regelbedingung auf das Schlüsselwort "prove" und der Wert der zur Bedingung gehörenden Untersuchung ist "unbekannt", so wird versucht, den Wert der Untersuchung durch den Rückwärtsinterpreter zu ermitteln. Beim Beweisversuch stützt sich der Rückwärtsinterpreter auf die gleiche Regelmenge wie die Diagnoseinterpreter, d.h. es wird versucht, den Wert der Untersuchung innerhalb des aktuellen Kontextes zu ermitteln. Erst wenn dieser Beweisversuch scheitert, wird der Benutzer nach dem Wert der Untersuchung gefragt.

IV.3.2.3 Untersuchungen

Untersuchungen werden bei Eintritt in einen Bauteilkontext instantiiert. Instanzen von Untersuchungen entsprechen den Einheiten der Fehlersuchlaufpläne. Jede Untersuchung enthält eine Liste ihrer zugehörigen Symptome mit zusätzlichen Informationen über diese, wie z.B. deren Symptomgruppe. Bei Bedarf, also erst wenn eine Regel auf eine Untersuchung zugreift, werden deren Symptome instantiiert. Demzufolge müssen Untersuchungen über entsprechende prozedurale Einheiten verfügen, welche die Instantiierung der Symptome übernehmen. Da verschiedene Untersuchungen auf die gleichen Fehlersymptome zugreifen können und somit die Gefahr bestünde, daß von verschiedenen Untersuchungen jeweils eine Instanz des gleichen Symptoms erzeugt werden könnte, wurde ein allen betroffenen Klassen bzw. Instanzen zugängliches Dictionary angelegt, das alle während eines Diagnoselaufs erzeugten Instanzen von Fehlersymptomen enthält. Über diese Variable können sich die Untersuchungen Information darüber verschaffen, ob das Symptom, welches sie benötigen, bereits existiert oder nicht.

Die Entscheidung, die Instantiierung über Dämonen vorzunehmen, lag darin begründet, den Benutzer vom internen Overhead zu befreien. Er sollte nicht damit belastet werden, über Regeln die Instanzenerzeugung von Symptomen vornehmen zu müssen. Regeln können nun allerdings nicht mehr auf Symptome zugreifen, da diese ja unter Umständen noch nicht instantiiert sind. Es muß also in jedem Fall der Umweg über die Untersuchungen in Kauf genommen werden.[1]

Typischerweise hat jede Untersuchung einen "JA-" und einen "NEIN-Ausgang", entsprechend den Suchlaufplänen. Aus technischen Gründen wurden bei einigen Untersuchungen leichte Änderungen bzgl. der Fehlersuchlaufpläne vorgenommen. Diese speziellen Untersuchungen können mehrere Ausgänge haben (Beispiel: Stellung des Werkzeugarms).

IV.3.2.4 Symptome

Symptome modellieren in MOLTKE 1 die Zustände einer Komponente (s. Kapitel I). Ein Symptom wäre z.B. `VentilZustand`, das die Ausprägungen "angezogen" oder "in Ruhestellung" annehmen kann. Um nun zwischen verschiedenen Ventilen unterscheiden zu können, erhalten die Instanzen von `VentilZustand` unterschiedliche Namen (z.B. Ventil27Y1, Ventil21Y1, ...). Jedem Symptom ist ein Wertebereich zugeordnet; die Elemente des Wertebe-

---

1 In MOLTKE 2 werden aus Gründen eines verbesserten Laufzeitverhaltens bereits über die Wissensakquisitionsschnittstelle alle Symptominstanzen erzeugt (siehe auch Kapitel VII).

reichs sind die möglichen Symptomausprägungen. Symptome können zu Gruppen zusammengefaßt werden. Unter einer Symptomgruppe verstehen wir eine Liste von Symptomen, die in einem Arbeitsgang überprüft werden können.

> <u>Beispiel:</u>
>
> Angenommen, es treten innerhalb eines Kontextes mehrere Untersuchungen auf, die sich auf unterschiedliche I/O-Status beziehen. Da das Überprüfen eines I/O-Status eine Überprüfung an der I/O-Karte nach sich zieht, können nun prophylaktisch alle in diesem Bauteilkontext vorkommenden Status überprüft werden, ohne daß dies einen erheblichen Zeitaufwand bedeuten würde, wohingegen das mehrmalige Überprüfen der Karte mit größerem Aufwand verbunden wäre.

Symptome sind in der Lage, eigenständig ihre Werte zu erfragen, wenn sie von einer Untersuchung dazu aktiviert werden. Jedes Symptom besitzt einen Slot "test", der die Ausgabe einer Benutzeranfrage auf dem Bildschirm bewirkt. Selbstverständlich stellt ein Symptom "seine Frage" nur dann, wenn sein Wert "unbekannt" ist, anderenfalls gibt es seinen Wert sofort an die aufrufende Untersuchung zurück.

Tritt der Fall auf, daß Symptome zu einer Symptomgruppe zusammengefaßt sind, wird dem Benutzer zunächst mitgeteilt, daß nun mehrere Symptome in einem Arbeitsgang überprüft werden sollen. Erst anschließend werden die Werte der einzelnen Symptome erfragt. Hierfür wird von MOLTKE 1 eine spezielle Klasse "TestFürMehrereSymptome" zur Verfügung gestellt.

Vom Symptom wird dieser Klasse eine Liste von Symptomen übergeben, die zu überprüfen sind. Diese erzeugt ihrerseits Instanzen von diesen Symptomen, wobei wiederum darauf geachtet werden muß, daß diese nicht bereits existieren, und leitet dann die Abfrage der einzelnen Werte ein. Natürlich wäre es denkbar, daß die Symptome diese Aufgabe selbst übernehmen, aber aus Gründen der Übersichtlichkeit wurde die oben beschriebene Form gewählt.

IV.3.2.5 Frames

Kontexte, Untersuchungen und Symptome werden in MOLTKE 1 auf Frames (siehe z.B. Kapitel XII) abgebildet und werden bei der Entwicklung und

Aktualisierung des Systems mit Hilfe eines Frame- und eines Regelbrowsers bearbeitet. Die Definitionen sind im Sinne einer objektorientierten Sichtweise auf das System auf mehrere Ebenen verteilt. Sowohl die wichtigsten Vereinbarungen als auch die Funktionalität von Untersuchungen und Symptomen sollen im folgenden erklärt werden. Hierzu folgende Beispiele:

<u>UNTERSUCHUNG</u>: Ventil27Y1Geschaltet
slotName: <u>WERT</u>, defaultValue: "unbekannt", valueType: String
        ifNeededProc: "used", ifAddedProc: "unused"
slotName: <u>SYMPTOME</u>, defaultValue: ((Ventil27Y1Zustand - ()))
        valueType: Dictionary, ifNeededProc: "unused", ifAddedProc: "unused"
slotName: <u>WERTETABELLE</u>,
        defaultValue:(("ja" - ((Ventil27Y1Zustand - "geschaltet")))
            ("nein" - ((Ventil27Y1Zustand - "in Ruhestellung"))))
        valueType: Dictionary, ifNeededProc: "unused", ifAddedProc: "unused"

<u>SYMPTOM</u>: Ventil27Y1Zustand
slotName: <u>WERT</u>, defaultValue: "unbekannt", valueType: String
        ifNeededProc: "used", ifAddedProc: "unused"
slotName: <u>SYMPTOMGRUPPE</u>, defaultValue: ()
        valueType: OrderedCollection, ifNeededProc: "unused",
            ifAddedProc: "used"
slotName: <u>FRAGE</u>, defaultValue: "Bitte überprüfen Sie den Zustand des Ventils 27Y1",
        valueType: String, ifNeededProc: "unused", ifAddedProc: "unused"

Einer Untersuchung sind ein oder mehrere Symptome zugeordnet. Zwischen dem Wert einer Untersuchung und den Werten der ihr zugeordneten Symptome besteht ein eindeutiger Zusammenhang. Welche Symptome einer Untersuchung zugeordnet sind, geht aus dem Slot SYMPTOME bei Untersuchungen hervor, in dem jeder Eintrag entweder auf eine Symptominstanz verweist oder Information zur Generierung einer Symptominstanz enthält. Der Slot WERTETABELLE bei Untersuchungen enthält die Information über den Zusammenhang zwischen dem Untersuchungswert und den jeweiligen Symptomwerten. Zur Speicherung ihres aktuellen Wertes dient sowohl bei Untersuchungen als auch bei Symptomen der Slot WERT. Bei schreibendem

Zugriff auf den Slot WERT von Symptomen erkennt ein ifAdded-Dämon unzulässige Werte aufgrund der im Slot WERTEBEREICH enthaltenen Information.

Die Slots sollen nun noch einmal anhand der Aktionsfolge erklärt werden, die ausgelöst wird, sobald ein lesender Zugriff auf den Slot WERT einer Untersuchung erfolgt:

- Der ifNeeded-Dämon zum Slot WERT wird angestoßen. Dieser überprüft zunächst, ob die aktuelle Untersuchung schon einen Wert hat. Wenn ja, so endet der Dämon. Sonst werden zunächst - falls noch nicht geschehen - die mit der Untersuchung assoziierten Symptome instantiiert. Die dazu benötigten Informationen stehen im Slot SYMPTOME der Untersuchung. Danach werden die Werte der Symptominstanzen durch Zugriff auf ihren WERT - Slot ermittelt. Mit dieser Information und der im Slot WERTETABELLE von Untersuchungen enthaltenen Zuordnungsvorschrift wird in den Slot WERT der Untersuchung ein Wert geschrieben.

- Beim oben erwähnten lesenden Zugriff auf den Slot WERT bei Symptomen wird wiederum ein ifNeeded-Dämon aufgerufen. Dieser tritt nur dann in Aktion, wenn der jeweilige Symptomwert vorher noch nicht erhoben wurde. Falls das Symptom zu einer Gruppe von Symptomen gehört (die Elemente der Symptomgruppe stehen bei Symptomen im Slot SYMPTOM-GRUPPE), dann werden sowohl der Wert des aktuellen Symptoms, als auch die Werte der Symptome, die im Slot SYMP-TOMGRUPPE enthalten sind, gleichzeitig, unter Verwendung der im Slot FRAGE von Symptomen enthaltenen Information, erhoben. Andernfalls wird nur der Wert des aktuellen Symptoms, ebenfalls unter Zuhilfenahme der im Slot SYMPTOM enthaltenen Benutzerfrage, ermittelt und im Slot WERT des Symptoms abgelegt.

V Eine prozedurale Variante: PEX

V.1 Vorbemerkungen

Als genereller Nachteil deklarativer Programmierung wird ihre mangelnde Effizienz angesehen. Ein typisches Beispiel dafür ist bei regelbasierten Systemen die Einbuße bezüglich der Schnelligkeit durch den Overhead des Regelinterpreters.

Es stellte sich die Frage, ob das Expertenwissen in prozeduraler Form darstellbar ist und wie dies gegebenenfalls zu erreichen ist. Eine ideale Kombination deklarativer und prozeduraler Verarbeitung wäre durch einen Compiler gegeben; man könnte deklarativ (und insbesondere änderungsfreundlich) programmieren und trotzdem einen effizienten Ablauf erreichen. Allgemein sind solche Compiler für die deklarative Programmierung (etwa für eine Expertensystemshell) noch nicht erstellt.

Um einen Überblick über die verschiedenen Vor- und Nachteile in einem konkreten Falle zu erhalten, wurde das System PEX, eine prozedurale Version von MOLTKE 1, entwickelt. Beide Systeme sind in derselben Programmiersprache SMALLTALK 80 geschrieben. Dadurch wird wieder einmal bestätigt, daß Programmierstil und Programmiersprache zwei verschiedene Dinge sind: Die gängigen Sprachen sind universell; in jeder von ihnen kann man grundsätzlich in jedem Stil programmieren. Eine andere Sache ist freilich, ob eine Sprache einen bestimmten Stil auch unterstützt; diese Frage hat uns auch im vorliegenden Fall zu interessieren. Wir werden in diesem Kapitel auch eine Reihe konkreter Details vorstellen. Diese sind, obwohl in der Syntax von SMALLTALK geschrieben, in der Regel aus sich selbst heraus direkt verständlich; es lohnt sich aber, vorher einen kurzen Blick in Kapitel XII zu werfen.

Die Kodierung des Expertenwissens erfolgt in PEX grundsätzlich mittels IF-THEN-ELSE- bzw. CASE-Anweisungen. Die Grundstruktur solcher Prozeduren, die ein natürlicher Ersatz der Regeln sind, ist von folgender Art:

```
Frage nach Wert von S_i;
if Wert von S_i = ...        then Frage nach Wert von S_j;
    if Wert von S_j = ... then ...
                          else ...
else Frage nach S_k;
    if Wert von S_k = ...then ...
                          else ...
```

Abbildung V.1 – Regel als Prozedur

Das Programm wird dadurch strukturiert, daß einzelne Programmzweige zu einer Einheit zusammengefaßt werden. Auf den ersten Blick könnte man meinen, es sei praktisch kein Unterschied und jedenfalls kein Nachteil zur regelbasierten Version vorhanden. Im Gegenteil, es gäbe hier doch mehr Möglichkeiten zur Optimierung!

Der Ansatz von PEX ist naturgemäß noch stärker vorgehensorientiert als der von MOLTKE 1, da die Struktur des Programmes die Reihenfolge der Symptomerfragungen festlegt. Ausgangspunkt für PEX sind die *Fehlersuchlaufpläne* der traditionellen Fehlerdiagnose. Sie haben schon rein äußerlich eine starke Ähnlichkeit mit Flußdiagrammen und sollten sich deshalb für die Umwandlung in ein prozedurales Diagnoseprogramm eignen. Eine Realisierung in Form von Prozeduren wird dabei durch den Aufbau der Pläne, die zum Teil identische Strukturen besitzen, unterstützt. Die Realisierung der Kontrollstrukturen orientiert sich am Ablauf der Ergebnisse der auftretenden Untersuchungen.

Nach der Erhebung eines Symptomwertes verzweigt das Programm in den Programmteil, der als Vorbedingung den eingegebenen Wert hat. Durch diese Grundstruktur entsteht ein Baum. Eine Diagnose kann gestellt werden, wenn bei der Traversierung des Baumes ein Blatt erreicht wird.

Als Gegenstand für PEX wurde ein Ausschnitt der CNC-Maschine, der sogenannte Werkzeug-Wechsler (= WZ-Wechsler) ausgewählt. Für ihn liegen detaillierte Fehlersuchlaufpläne vor, die das zu implementierende Wissen repräsentieren. Das entwickelte Programm soll dabei exakt die Struktur der Pläne sowie die in ihnen verwendeten physikalischen Teile des WZ-Wechslers in die objektorientierte Welt übertragen und entsprechend interpretieren. Dabei sollen Bauteile in Objekte und Prozeduren in Methoden übersetzt werden.

V.2 Fehlersuchlaufpläne

Das Wissen über die Eingrenzung der Fehlerursachen liegt wie erwähnt in Form von Fehlersuchlaufplänen vor. Diese Pläne wurden in Zusammenarbeit mit Experten erstellt. Sie beschreiben den Weg vom Erkennen der Symptomwerte eines Fehlers bis hin zur Eingrenzung seiner möglichen Ursachen. Ein Beispiel eines typischen Fehlersuchlaufplanes zeigt Abb. V.2.

Die Fehlersuchlaufpläne haben eine einfache Struktur. Sie beginnen stets mit einem Startknoten, an dem Fehlermeldungen wie etwa "I50" stehen. An den nachfolgenden Knoten sind dies dann Symptome und zugehörige Messungen (evtl. mit Priorität), Zwischendiagnosen, Enddiagnosen und Abhilfemaßnahmen.

Ausgangspunkt für die Bearbeitung bilden die Fehlermeldungen der Steuerung, welche in Form von sogenannten Fehlernummern (einem Schlüssel zur Eingrenzung der für die Fehlermeldung möglichen Ursachen) dem System vorliegen. Jeder Fehlernummer ist eindeutig ein Startknoten zugeordnet, der den Beginn der Diagnose in den Fehlersuchlaufplänen darstellt. Unterhalb dieses Startknotens ist eine Reihe von Einzeluntersuchungen (d.h. Erhebungen von Symptomwerten) angeordnet, mit deren Hilfe der Fehler, von dem ja zu Beginn der Diagnose lediglich eine Wirkung bekannt ist, zu seinen Ursachen

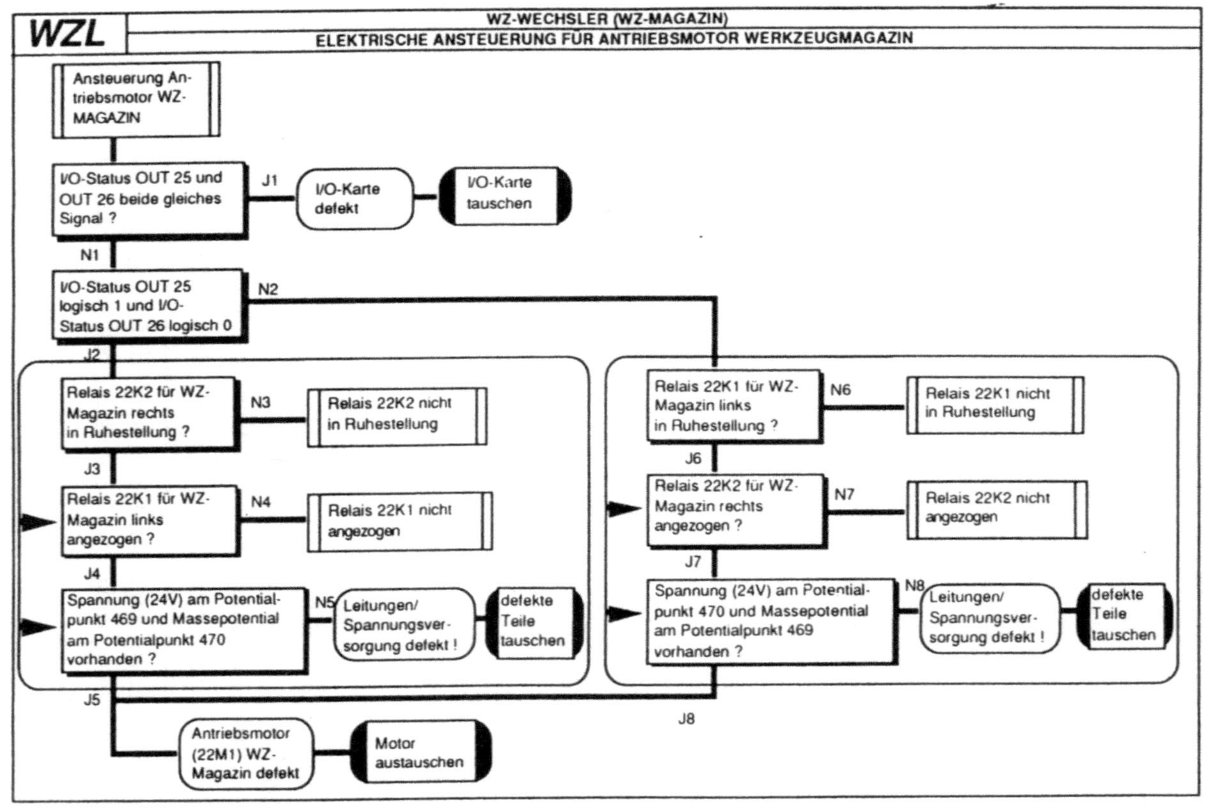

Abbildung V.2 Fehlersuchlaufplan für WZ-Magazin

hin schrittweise eingegrenzt wird. Diese Untersuchungen bestehen aus Messungen und/oder optischen Kontrollen an den physikalischen Teilen des WZ-Wechslers, wobei der Benutzer des Systems interaktiv zu diesen Messungen aufgefordert wird und seine Ergebnisse mitteilt. Anhand dieser Ergebnisse kann der Fehler sukzessive eingegrenzt werden, was einer Verzweigung in den Fehlersuchlaufplänen entspricht. Mit zunehmender Eingrenzung der Fehlerursachen sind auch Diagnosen möglich, dabei werden Zwischen- und Enddiagnosen unterschieden. Im Falle einer Zwischendiagnose kann der Fehler noch weiter eingegrenzt werden. Sie dient dem Benutzer lediglich als zusätzliche Information. Enddiagnosen dagegen sind das eigentliche Ziel der Bearbeitung. Durch sie kann die Suche nach der Fehlerursache erfolgreich abgeschlossen werden.

Eine Enddiagnose umfaßt im wesentlichen die Identifizierung der fehlerhaft arbeitenden physikalischen Teile, die ausgetauscht werden müssen bzw. einer Korrektur bedürfen, was über eine Abhilfemaßnahme dem Benutzer mitgeteilt wird.

Die Anordnung der Einzeluntersuchungen entspricht im allgemeinen der physikalischen Realisierung der Ansteuerung der einzelnen Schaltelemente der CNC-Maschine. Ihre Reihenfolge entspricht den technischen Voraussetzungen, die für die jeweilige Untesuchung erfüllt sein müssen. Diese statische Anordnung kann jedoch durch die in den Fehlersuchlaufplänen auftauchenden Pfeilmarkierungen verändert werden. Um eine effiziente Fehlersuche zu gewährleisten, kann durch Markieren von Einzeluntersuchungen 'Metawissen' eingebracht werden. Das ist hier zu verstehen als Wissen über die Struktur von Fehlerzusammenhängen (dieses ist durch Pfeile repräsentiert, die Untersuchungen bevorzugen) und Fehlerhäufigkeiten (die Reihenfolge wird in eckigen Kästchen angegeben). Konkret besitzen die im System markierten Einzeluntersuchungen Priorität.

Beispiel: Fehlersuche beim Werkzeug - Wechsler

Die Unterbaugruppen des WZ-Wechslers sind: Orientierter Spindelstop, WZ-Magazin, WZ-Greifer, Spann-/ Lösevorrichtung und WZ-Arm. Jeder mit einer Fehlernummer gekennzeichnete Fehler kann eindeutig einer Unterbaugruppe zugeordnet und innerhalb dieser Unterbaugruppe weiter eingegrenzt werden. Dabei bestehen die Unterbaugruppen aus verschiedenen Bauteilen,

welche Gegenstand der Einzeluntersuchungen sind. An diesen Bauteilen
können verschiedene Eigenschaften untersucht, oder, in unserer Ausdrucksweise, Symptomausprägungen bestimmt werden.

Diese sind:

Symptom	Wertebereich
Antriebsmotor dreht sich	ja/nein
Aufnahmekegel Verschmutzung	ja/ nein
Diodenwiderstand	Kurzschluß/ o.k.
Widerstand elektrischer Leitungen	brüchig/ o.k.
Endschaltersignal	1-Signal/ 0-Signal
Greiferstellung	geschlossen/ Zwischenstellung/einseitig offen/ offen
Hauptgetriebestellung	Mittelstellung/ sonstige Stellungen
IO-Status	logisch 0/ logisch 1
Verlauf	spezielle Impulsverläufe
Kontaktpunktspannung	ja/ nein
Magazin dreht sich	ja/ nein
Position	undefiniert/ inkorrekt
Dichtigkeit mechanischer Leitungen	dicht/ undicht
Spannung Potentialpunkt	24V/ sonstige
Potential	ja/ nein
Relaisstellung	angezogen/ in Ruhe
Ventilstellung	geschaltet/ in Ruhe
Werkzeugnut verschmutzt	ja/ nein
WZ-Wechsler Bewegungsstörung VOR-Bewegung	ja/ nein
WZ-Wechsler Bewegungsstörung RÜCK-Bewegung	ja/ nein

Abbildung V.3 - Symptome des Werkzeugswechslers

Manchmal sind für die Symptome auch andere Werte denkbar als nur die in
den Wertebereichen angegebenen. So wird z.B. ein Potentialpunkt hier nur auf

einen bestimmten Wert von 24V hin untersucht; es genügt demnach die boole'sche Abfrage "≥ 24V ?" nach diesem spezifischen Wert.

Die möglichen Fehlerursachen werden durch Verzweigen im entsprechenden Fehlersuchlaufplan zur nächsten Untersuchung hin eingegrenzt. Dieser Prozeß wird solange wiederholt, bis man schließlich auf eine solche Ursache stößt oder aber die Grenzen des Systems - bzgl. der Tiefe des implementierten Wissens - erreicht; in diesem Fall konnte der Fehler nur eingegrenzt werden. Im erstgenannten Fall jedoch können präzise Angaben zur Ursache und - ebenso wichtig - zur Korrektur eines Fehlers gemacht werden.

V.3 Funktionale Sicht und Architektur von PEX

V.3.1 Objektorientierte Sicht auf die Fehlersuchlaufpläne

In dieser Sicht werden die einzelnen Bauteile durch Objekte repräsentiert, an denen die Einzeluntersuchungen durchgeführt werden; sie werden im folgenden als *Objekte der Einzeluntersuchung* bezeichnet. Der Dialog mit dem Benutzer und dadurch die Abarbeitung der Untersuchungen erfolgt über das Versenden von Nachrichten an diese Objekte. Dabei versteht jedes Objekt jeweils nur bestimmte Nachrichten, weil an einem Bauteil jeweils nur bestimmte Untersuchungen durchgeführt werden. Diese entsprechen ja den Symptomen und sind für jedes Bauteil explizit aufgeführt und den Objekten in Form von Methoden zugeordnet. Die Einzeluntersuchungen werden interaktiv durchgeführt und die Ergebnisse lokal in den untersuchten Objekten abgespeichert. Durch diese Abspeicherung werden Mehrfachbefragungen des gleichen Sachverhaltes abgefangen. Ein Beispiel soll die Abarbeitung einer solchen Einzeluntersuchung veranschaulichen:

Beispiel V.1:
Im Laufe der Fehlereingrenzung sei der Status eines spezifischen IO-Signals relevant. Das Programm, welches die Fehlerabarbeitung

steuert, sendet eine entsprechende Nachricht, 'wieIstDeinStatus', an genau die Instanz des IO-Signals, von welcher der Status benötigt wird. Das Objekt IOStatus hat eine passende Methode implementiert; in ihr wird der Wert interaktiv abgefragt und als Antwort auf die Nachricht zurückgegeben. Das Programm kann nun, mit dem Wissen über den Wert des Signals ausgestattet, den Fehler weiter eingrenzen und es nimmt, abhängig vom erfragten Wert, eine weitere Verzweigung vor.

Von den Objekten der Einzeluntersuchungen, also den Bauteilen, an denen die Untersuchung durchgeführt wird, werden in den fünf Unterbaugruppen des WZ-Wechslers verschiedene Instanzen benötigt, die sich lediglich in ihrem Namen voneinander unterscheiden. Alle diese Instanzen werden nach ihrer Erzeugung aufgelistet, um auf jede von ihnen gesondert zugreifen zu können. Die Untersuchungen finden sich als 'instance methods' in den einzelnen Klassen wieder, die Instanzen führen sie lokal durch.

Zum Dialog dienen zwei Frageschemata, 'PopUpMenues' und 'Binary Choice'. Der Benutzer wird durch sie zu einer Untersuchung explizit aufgefordert.

Beispiel V.2:

Potentialmessung (fragt nach, ob am Potentialpunkt ein Massepotential anliegt).

        class name: Potentialpunkt
        instance method: potentialmessung
massepotential = nil ifTrue: [index ← (PopUpMenue labels 'Massepotential \ positives Potential' withCRs)
        startUp: #a withHeading: 'Ist am Potentialpunkt', self name,
        massepotential ← index = 1]
↑massepotential

Die Antwort wird

- an den Sender der Nachricht weitergeleitet, der die Information zur Fehlereingrenzung (Verzweigung) benötigt ;

- in einer entsprechenden 'instance variable' abgespeichert, um Mehrfachbefragungen gleichen Sachverhaltes auszuschließen.

Antworten werden also im System gespeichert und sind danach durch Befragen der entsprechenden 'instance variable' explizit - und damit ohne erneuten Dialog mit dem Benutzer - abrufbar.

In den Unterbaugruppen des WZ-Wechslers wird eine Einzeluntersuchung jeweils an eine bestimmte Instanz eines Objekts gesendet. Es erhält demnach die Klasse, welche das Objekt repräsentiert, eine entsprechende Nachricht. Die Klasse hat dazu eine passende Methode implementiert, innerhalb derer zunächst geprüft wird, ob die gewünschte Instanz bereits existiert. Ist dies der Fall, so kann die Einzeluntersuchung an dieser Instanz durchgeführt werden.

Für die Erzeugung solcher Instanzen bieten sich prinzipiell zwei Möglichkeiten an:

a) Statische Erzeugung:

In einer Initialisierungsphase werden generell alle Instanzen erzeugt, die in Einzeluntersuchungen angesprochen werden können. Diese Erzeugung läßt sich noch spezifisch nach Unterbaugruppen unterteilt verfeinern, bleibt jedoch immer mit einer gewissen Ineffizienz behaftet, da das System auch Instanzen erzeugt, die nicht zur Untersuchung herangezogen werden. Aufgrund der Verzweigungsmöglichkeiten in den Fehlersuchlaufplänen sind tatsächlich nur ein Bruchteil der dann erzeugten Instanzen für die Fehlereingrenzung relevant. In der MOLTKE-Shell werden die Instanzen dann auch nur einmal erzeugt.

b) Dynamische Erzeugung

Instanzen werden erst dann erzeugt, wenn versucht wird, auf sie zuzugreifen. Somit ist gewährleistet, daß alle erzeugten Instanzen auch wirklich angesprochen werden. Gegenüber einer statischen Erzeugung bleibt dieser Prozeß jedoch während der gesamten Diagnose aktiv, d.h. es werden sukzessive Instanzen erzeugt. Wenn eine bestimmte Instanz benötigt wird, muß überprüft werden, ob sie bereits existiert.

Die dynamische Erzeugung gewährleistet vom Speicherbedarf her gesehen eine sehr effiziente Bereitstellung von Instanzen, werden sie doch erst zu der Zeit erzeugt, zu der sie mittels einer Einzeluntersuchung direkt angesprochen werden. Bezüglich der Laufzeit handelt man sich aber auch einen Nachteil ein:

Sowohl die Erzeugung als auch die Überprüfung kosten Zeit. Es mußten also die Vor- und Nachteile sehr sorgfältig abgewogen werden.

Da auf eine spezifische Instanz mehrfach zugegriffen werden kann, muß zwischen dem ersten Zugriff (Erzeugung der Instanz) sowie allen weiteren unterschieden werden. Dazu wird die Einzeluntersuchung zunächst an die Klasse der jeweiligen Instanz gesendet, die mit der Steuerung beauftragt ist.

Beispiel V.3 :

Abfrage an die Instanz 'anIOStatus', falls bereits eine solche erzeugt wurde; ist dies noch nicht der Fall, wird zunächst dies nachgeholt.

---

class name: IOStatus

class method wieIstDeinStatus: anIOStatus

flag ← CollectIOStatus detect: [:anEntry | anEntry name = anIOStatus]

ifNone: ["zunächst Instanz erzeugen"

flag ← (self zeugeInstanz: anIOStatus ordneEinIn: CollectIOStatus)]

↑flag wieIstDeinStatus

Abbildung V.4 - Statusabfrage

Die Baugruppe, welche die entsprechende Nachricht sendet, nennt unter 'anIOStatus' die Instanz, die untersucht werden soll. Der 'detect: ' Check ist nötig, um einen Erstzugriff, der mit der Erzeugung der Instanz verbunden ist, von allen weiteren zu unterscheiden. Außerdem liefert er in jedem Fall die Instanz zurück, denn erst durch ihre Identifizierung im System wird eine Bearbeitung möglich. Beim Aufruf der instance method:'wieIstDeinStatus' liegt also die Instanz, in der jetzt die eigentliche Untersuchung stattfindet, in beiden Fällen vor.

V.3.2 Änderungen des Ablaufs der Fehlersuchlaufpläne

Der in den Fehlersuchlaufplänen (vgl. die Abb. V.2 und V.5) in Form von Diagrammen vorgegebene Ablauf kann abgeändert werden, was traditionell durch Einzeichnung von Pfeilen in die Pläne geschieht. Dies wurde hier nachgeahmt, wodurch allerdings das Verfolgen der Arbeitsweise des Systems anhand der Pläne erschwert wird. Ist eine Einzeluntersuchung mit einem Pfeil gekennzeichnet, so hat diese vor allen anderen im gleichen Block auftretenden Untersuchungen Priorität. Ein Block wird in den Plänen durch einen rechteckigen Kasten begrenzt und faßt eine Reihe von Einzeluntersuchungen zusammen, die parallel bearbeitet werden können. Ist eine Blockeinteilung nicht gegeben, so ist der gesamte Plan als Blockeinheit zu interpretieren.

Priorität erhält die genannte Untersuchung (hier im folgenden als 'aktuelle Untersuchung' bezeichnet) deshalb, weil im Falle ihrer positiven Beantwortung inferiert werden kann, daß alle über ihr angesiedelten Untersuchungen innerhalb des gleichen Blocks ebenfalls positive Ergebnisse liefern würden. Damit erspart man sich die explizite Befragung der Objekte dieser Einzeluntersuchungen.

"Positive Beantwortung" darf hier allerdings nicht synonym mit "Beantwortung mit JA" gesehen werden. Gemeint ist hier vielmehr die Verzweigung nach 'unten' im Fehlersuchlaufplan. Im Falle der negativen Beantwortung der aktuellen Untersuchung müssen jedoch die über ihr angesiedelten explizit durchgeführt werden. Man geht entweder bis zur nächsten Untersuchung mit Pfeil oder, falls eine solche nicht vorhanden ist, bis zur ersten Untersuchung des Blocks. Treten in einem Block mehrere Pfeile auf, so besitzt der am weitesten unten angesiedelte höchste Priorität. Erst nach seiner Abarbeitung wird der nächst höher angesiedelte berücksichtigt.

So kann es im Laufe der Fehlerabarbeitung gemäß dem statischen Ablauf im Plan zu einer zweiten Befragung dieser aktuellen Untersuchung kommen. In diesem Fall kann direkt das bereits bekannte negative Ergebnis verwendet und entsprechend verzweigt werden. Entgegen dem statischen Ablauf wird auf diese Weise zusätzliches Wissen eingebracht und dadurch die Zahl der Untersuchungen oft erheblich reduziert.

An einem Beispiel soll das hier vorgestellte Prinzip erläutert werden, es handelt sich um einen Fehlersuchlaufplan der Baugruppe WZ-Arm im Objekt Blocküberprüfung. Wir beziehen uns im folgenden auf die Abbildungen V.5 und V.6. Im nächsten Abschnitt wird auf dieses Beispiel noch ausführlicher eingegangen.

Im Fehlersuchlaufplan tritt eine geschachtelte Blockstruktur auf; innerhalb des großen Blocks, in den bei positiver Beantwortung von Einzeluntersuchung (1) eingetreten wird, treten zwei weitere Blöcke auf, in denen strukturgleich jeweils ein Pfeil auftritt. Da den Blöcken selbst keine Pfeile vorangestellt sind, wird hier statisch der obere auch zuerst abgearbeitet; die Reihenfolge ist aber willkürlich, weil es sich um unabhängige Alternativen handelt. Daher erhält die mit dem Pfeil gekennzeichnete Einzeluntersuchung (2) Priorität (nach dem statischen Ablauf wäre Untersuchung (3) an der Reihe). Entsprechend wird nach dem IOStatus 'IN32' das Ventil 'V21Y4' untersucht; im Falle der positiven Beantwortung wird damit die Untersuchung (3) eingespart. In dieser Richtung gelangt man also direkt in den unteren Teilblock. Die hier mit einem Pfeil gekennzeichnete Untersuchung (4) erhält analog zum oberen Teilblock Priorität und im Fall der erneut positiven Beantwortung kann über "N6" direkt zur Einzeluntersuchung (6) verzweigt werden, was auch in der Methode entsprechend verfolgt werden kann.

Somit läßt sich also die Zahl der Untersuchungen bis auf die Hälfte reduzieren, lediglich im schlimmsten Fall ist das Ergebnis identisch zu dem der statischen Abarbeitung. Im Falle der negativen Beantwortung von (2) kann nicht direkt nach "J4" verzweigt werden, sondern nur nach expliziter Untersuchung von (3); entsprechendes gilt bei der negativer Beantwortung von (4).

V.4 Ein Beispiel für die gesamte Arbeitsweise

V.4.1   Die Fehlersuchlaufpläne

Zur Illustration der gesamten Arbeitsweise wollen wir das gerade vorgeführte Beispiel der Baugruppe WZ-Arm ausbauen; der Fehlersuchlaufplan wird dazu noch ergänzt:

   Besonderes Augenmerk legen wir auf

- die Verwendung der Prioritätspfeile

- die Verwendung der Klasse Blocküberprüfung

- die dynamische Erzeugung von Instanzen

- die Durchführung der Einzeluntersuchungen

- die Steuerung der Fehlerabarbeitung durch die Baugruppen

Als Grobablauf, der durch entsprechende Methoden realisiert werden muß, erhalten wir in objektorienter Sicht nun folgende Struktur:

Zunächst wird die gesamte Diagnose mit 'CNCDiagnose selectFehler' angestoßen (I). Dadurch werden zunächst über 'initOrderedCollections' (II) (indirekt über die Nachricht 'init') alle Objekte, die mehrere Instanzen ausbilden, dazu veranlaßt, eine entsprechende Klassenvariable hierfür bereitzustellen (III). Danach erfragt das System explizit einen der 21 möglichen Fehler mittels eines 'PopUpMenues' und verzweigt deterministisch in eine der fünf existierenden Baugruppen. Für das Beispiel sei o.B.d.A. angenommen, 'I48' wäre angeklickt worden, dies entspricht dem index 9. Die Nachricht 'diagnoseI48' , die im folgenden erläutert ist, wird also an die Baugruppe 'ARM' gesendet. Erneut wird mittels eines 'PopUpMenues'

Information explizit erfragt, diesmal über die Stellung des WZ-Arms. Für das Beispiel sei 'WZ-Arm hinten' angenommen; entsprechend wird der index 1 zugeordnet, damit wird der 'ifTrue: ' Block ausgewertet. Die Abarbeitung ist im Objekt Blocküberprüfung unter 'fehlerC5index1: ...' realisiert, da

a) die Eingrenzung der Fehler I46, I47, I48, I55 sowie I56 bis auf Umbenennung der untersuchten Instanzen eine identische Struktur besitzt;

b) die Untersuchungen an verschiedenen physikalischen Objekten der Bauteilehierarchie durchgeführt werden, die zwar sämtlich in der Baugruppe 'ARM' enthalten sind, deren Abarbeitung in der Klasse 'ARM' jedoch aufgrund der 'enthalten sein'- Relation lediglich gesteuert wird.

Im zweiten Plan treten bei der Verzweigung "N1" zwei verschiedene Zwischendiagnosen auf. Hier sind zwei Pläne mit identischer Struktur zusammengefaßt.

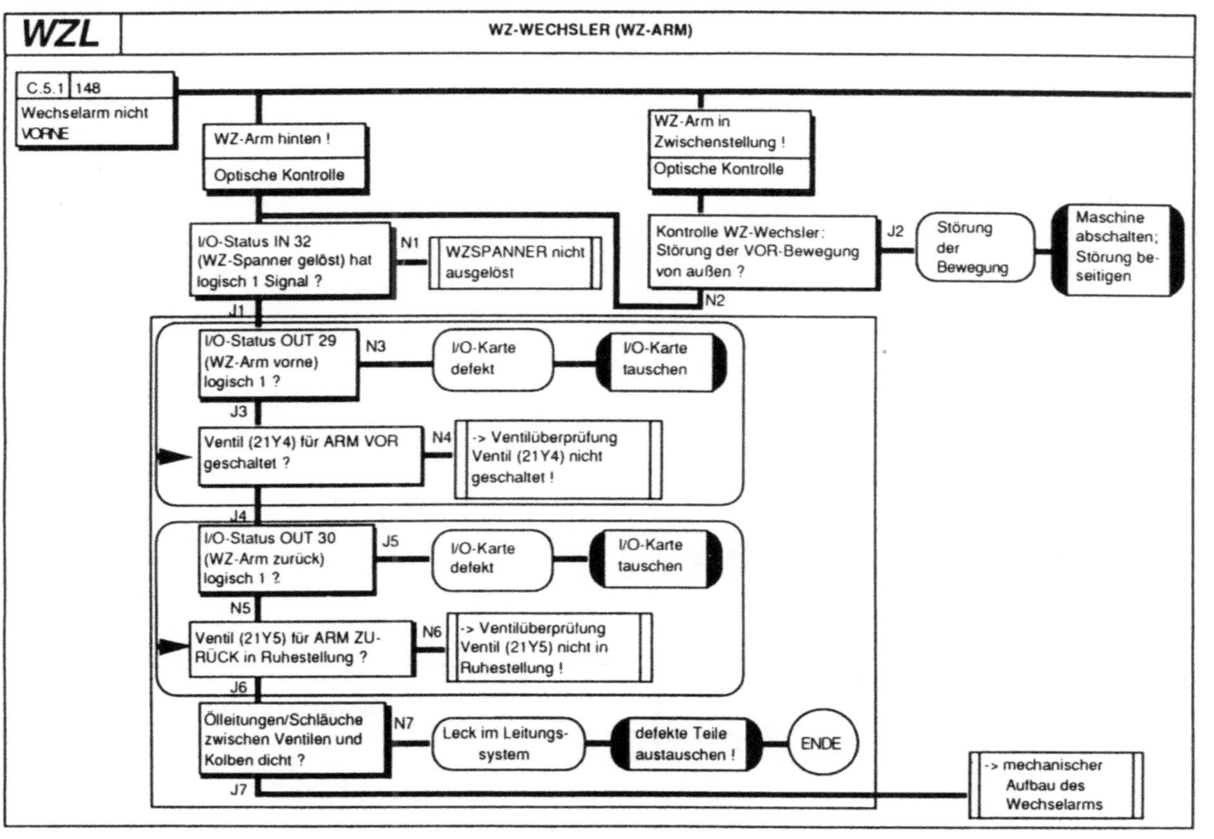

Abbildung V.5 - WZ-Wechsler

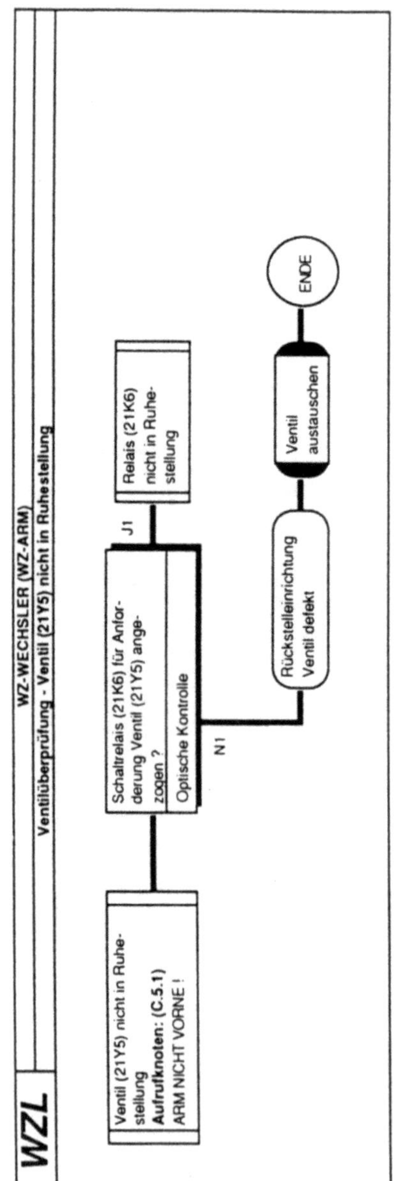

Abbildung V.6 - Fehlersuchlaufplan WZ-Arm

V.4.2 Die Programme

Die Fehlersuchlaufpläne sollen jetzt in Programme von PEX übersetzt werden. Die in den Methoden auftretenden Bezeichnungen "N1", "J1", ... beziehen sich auf die entsprechenden Einträge in den Plänen. Eine temporäre Variable 'flag' steuert die Abarbeitung. Sie kann ständig mit neuen 'return values' überschrieben werden, da die Abarbeitung der Pläne in jedem Punkt determiniert ist. Beim 'Lesen' der Methoden ist außerdem zu berücksichtigen, daß beim Senden der Nachricht die Selektorargumente im Empfängerobjekt aktuelle Werte erhalten, jedoch in der Definition der Methode selbstverständlich die formalen Argumentnamen auftauchen.

Zuerst stellen wir die Programme (1 - 9) selbst detailliert vor, um sie anschließend zu kommentieren. Um sie inhaltlich zu verstehen, ist eine genaue Kenntnis der Programmiersprache Smalltalk wie erwähnt nicht nötig. Einige Hilfestellungen findet der Leser in Kap. XII. Abweichend von der Smalltalksyntax sind die in " eingeschachtelten Kommentare der Übersichtlichkeit halber kursiv geschrieben. Es sei noch bemerkt, daß "/" die Einträge nennt und der Index des Eintrages als Ergebnis wird.

```
selectFehler
"Initialisiere als erstes OrderedCollections all jener physikalischen Teilen,
von denen mehrere Instanzen gebildet werden. In IOKarte, Relais sowie Ventil
werden außerdem Dictionaries mit Teile-Beschreibungen erzeugt."
 |index aString|
self initOrderedCollections.
"Es folgt die Auflistung der Fehler, die der Benutzer einen anstoßen und
dadurch das Programm in die einzelnen Suchlaufplaene verzweigen lassen
kann."
aString ← 'I27/I30/I31/I32/I33/I34/I46/I47/I48/I49/I50/I51/I52/I53/I54/I55/I56/
I57/I59/I63I64/I91/keine Fehlermeldung' withCRs.
index ←   (PopUpMenu labels: aString)
startUp: #a withHeading: 'Bitte spezifizieren Sie den aufgetretenen Fehler'
asText allBold.
index =  1 ifTrue: [↑(GREIFER new) diagnoseI27].
index =  2 ifTrue: [↑(SPINDELSTOP new) diagnoseI30].
index =  3 ifTrue: [↑(GREIFER new) diagnoseI31].
index =  4 ifTrue: [↑(ARM new) diagnoseI32].
index =  5 ifTrue: [↑(ARM new) diagnoseI33].
index =  6 ifTrue: [↑(SPANNERLÖSER new) diagnoseI34].
```

```
index =  7 ifTrue:  [↑(ARM new) diagnoseI46].
index =  8 ifTrue:  [↑(ARM new) diagnoseI47].
index =  9 ifTrue:  [↑(ARM new) diagnoseI48].
index = 10 ifTrue:  [↑(GREIFER new) diagnoseI49].
index = 11 ifTrue:  [↑(MAGAZIN new) diagnoseC2].
index = 12 ifTrue:  [↑(MAGAZIN new) diagnoseC2].
index = 13 ifTrue:  [Transcript show: Fehler I52 ist nicht in den Fehlerplaenen
                     implementiert]
index = 14 ifTrue:  [↑(GREIFER new) diagnoseI53].
index = 15 ifTrue:  [↑(GREIFER new) diagnose 54].
index = 16 ifTrue:  [↑(ARM new) diagnoseI55].
index = 17 ifTrue:  [↑(ARM new) diagnoseI56].
index = 18 ifTrue:  [↑(MAGAZIN new) diagnoseC2].
index = 19 ifTrue:  [↑(SPANNERLÖSER new) diagnoseI59].
index = 21 ifTrue:  [↑(SPINDELSTOP new) diagnoseI64].
```

Programm V.1

```
InitOrderedCollections

"Erzeugt OrderedCollections von allen physikalischen Teilen, welche mehrere
Instanzen erzeugen"
Diode init.
Druckschalter init.
Endschalter init.
Getriebe init.
IOStatus init.
Kontaktpunkt init.
Motor init.
Potentialpunkt init.
Relais init.
Ventil init.
```

Programm V.2

> **init**
>
> CollectDioden ← OrderedCollection new

Programm V.3

> **diagnoseI48**
>
> *"FehlerI48: Wechselarm nicht VORNE"*
>
> |index|
>
> index ← (PopUpMenu labels: 'WZ-Arm hinten\Zwischenstellung\WZ-Arm vorne' withCRs)
>
> startUp: #a withHeading: 'In welcher Stellung befindet sich der WZ-Arm? (opt.Kontrolle)' asText allBold.
>
> index = 1 ifTrue: [Blockueberpruefung fehlerC5index1: 'WZ-Spanner nicht ausgeloest' io1: 'IN32' io2: 'OUT29' io3: 'OUT30'
>
>   v1: 'V21Y4' v2: 'V21Y5'
>
>   r1: 'R21K5' r2: 'R21K6' kSpindelstop: 'K461' kVentil: 'K466']
>
> index = 2 ifTrue: [Blockueberpruefung fehlerC5index2: 'WZ-Spanner nicht ausgeloest' io1: 'IN32' io2: "OUT29' io3: 'OUT30'
>
>   v1: 'V21Y4' v2: 'V21Y5'
>
>   r1: 'R21K5' r2: 'R21K6' kSpindelstop: 'K461' kVentil: 'K466']
>
> index = 3 ifTrue: [Blockueberpruefung fehlerC5index 3: "IN 37" endschalter: 'E21S5']

Programm V.4

> **fehlerC5index1:a_Text   io_1:anIOStatus1   io2:anIOStatus2**
> **io3:anIOStatus3   v1:aVentil1 v2:aVentil2 r1:aRelais1 r2:aRelais2**
> **kSpindelstop: aKontaktpunkt1   kVentil:aKontaktpunkt 2**

|flag|

flag ← IOStatus wielstDeinStatus: anIOStatus1.

flag = 1 ifFalse: [*"N1"* Ausgabe zdtext: aText]

      ifTrue: [*"J1"* flag ←   Ventil bistDuGeschaltet: aVentil1.

   flag = false ifFalse: [*"N4"* flag ← Ventil bistDuGeschaltet: aVentil2.

    flag = true ifFalse: [*"N6"* flag ← LeitungenMechanisch allesDicht.

      flag = true ifTrue: [*"J7"* Ausgabe zdtext: '→ mechanischer Aufbau
             des Wechselarms']

           ifFalse: ["N7" Ausgabe edtext: 'Leck im Leitungs
               system'; pltext: 'defekte Teile austauschen !']]

         ifTrue: [flag ←   IOStatus wielstDeinStatus: anIOStatus 3.

    flag = 1   ifFalse: [*"J6 ← N5"* self ventilNichtinRuhestellung: aVentil2
             relais: aRelais2]

        ifTrue: [*"J5"* Ausgabe edtext: 'I/O Karte defekt'; pltext:
         'I/O Karte tauschen']]]

     ifTrue: [flag ←   IOStatus wielstDeinStatus: anIOStatus2.

   flag = 1 ifTrue: [*"J4 ← J3"* self ventilNichtGeschaltet: aVentil1 relais:
          aRelais1 kSpindelstop: aKontaktpunkt1 kVentil:
          aKontaktpunkt 2]

     ifFalse: [*"N3"* Ausgabe edtext: 'I/O Karte defekt'; pltext: 'I/O
          Karte tauschen']]]

Programm V.5

---

wielst Dein Status: anIOStatus

*"Abfrage an die Instanz 'anIOStatus', falls bereits eine Instanz erzeugt wurde.
Ist dies nicht der Fall, so wird zuerst mittels 'zeugeInstanz' eine solche
erzeugt; erst danach wird die Abfrage an sie gesendet"*

```
|flag|

flag ←   CollectIOStatus detect: [:anEntry | anEntry name = anIOStatus]

         ifNone: ["zuerst Instanz erzeugen"

                  flag ← (self zeugeInstanz: anIOStatus ordneEinln:
                              CollectIOStatus)].

↑flag wielstDeinStatus
```

Programm V.6

```
wielstDeinStatus

"Fragt mittels eines PopUpMenues den logischen Wert eines IO - Signals ab"

|index|
status = nil ifTrue: [index ←   (PopUpMenu labels: 'logisch 1/logisch 0'
withCRs)
          startUp: #a withHeading: 'Wie ist der I/O-Status des Signals', self
             name, '(',
                      (SignalBeschreibung at: self name asSymbol), ')?' asText
                      allBold
          index = 1 ifTrue: [status ←    1]
                    ifFalse:[status ←    0].
↑   status
```

Programm V.7

```
init

CollectIOStatus ← OrderedCollection new.

SignalBeschreibung ←   Dictionary new.

SignalBeschreibung at: # IN11IN 12    put: 'Rueckmeldung'.
```

SignalBeschreibung at: # IN20IN30   put: 'Zaehlimpulse 1/2'.

SignalBeschreibung at: # IN27   put: 'WZ Arm links'.

SignalBeschreibung at: # IN28   put: 'WZ Arm rechts'.

SignalBeschreibung at: # IN31   put: 'Erkennung Referenzwerkzeug bei einer
                                     WZ Position'.

SignalBeschreibung at: # IN32   put: 'WZ Spanner geloest'.

SignalBeschreibung at: # IN33   put: 'Orientierter Spindelstop erreicht'.

SignalBeschreibung at: # IN34   put: 'Orientierter Spindelstop AUS'.

SignalBeschreibung at: # IN35   put: 'Greifer offen'.

SignalBeschreibung at: # IN36   put: 'Greifer zu'.

Programm V.8

ventilNichtinRuhestellung: aVentil relais: aRelais
"Grenzt den aufgetretenen Fehler, beginnend bei der Zwischendiagnose, bis zur Enddiagnose hin ab."
|flag|
Ausgabe zdtext: 'Ventil', aVentil, 'nicht in Ruhestellung'.
(aVentil = 'V21Y1') | (aVentil = 'V21Y2')
"Hier wird ein Spezialfall desWZ-Arms abgearbeitet"
ifTrue: [flag ← Arm schwimmStellung.
        flag = true ifTrue: [flag ← Relais bistDuAngezogen: 'R21K4'.
                flag = true ifTrue: [Ausgabe zdtext: 'Relais (R21K4) nicht in
                                     Ruhestellung']
                          ifFalse: [Ausgabe edtext: 'Rueckstelleinrichtung
                                     Ventil defekt'; pltext: 'Ventil austauschen']]].

flag ← Relais bistDuAngezogen: aRelais.
flag = true ifTrue: [Ausgabe zdtext: 'Relais', aRelais, 'nicht in Ruhestellung']
          ifFalse: [Ausgabe edtext: 'Rueckstelleinrichtung Ventil defekt';
                                pltext: 'Ventil austauschen!']

Programm V.9

<u>Diskussion:</u>

Die Einzeluntersuchung (1) wird durch Senden der Nachricht wieIstDeinStatus: 'IN32' an die Klasse IOStatus angestoßen (5). Aufgabe der dort implementierten Methode (6) ist es,

- die angeforderte Instanz zu liefern und dieser danach die Nachricht wieIstDeinStatus, implementiert als 'instance method', zu senden

oder aber

- diese Instanz, wie im vorliegenden Beispiel, zu erzeugen, da über den 'detect:' - Check in der Klassenvariablen 'CollectIOStatus' festgestellt wird, daß die Instanz 'IN32' nicht enthalten ist.

In beiden Fällen ist jedoch über 'flag' ein Zugriff auf die Instanz 'IN32' möglich, so daß mit 'flag wieIstDeinStatus' korrekt untersucht wird. In dieser Methode (7) wird zunächst mit Hilfe der Instanzen-Variable 'status' überprüft, ob das Ergebnis der Untersuchung bereits vorliegt, in welchem Fall dieses direkt (^status) als Antwort übermittelt werden kann. Damit werden mehrfache Befragungen des gleichen Sachverhaltes ausgeschlossen. Im aktuellen Beispiel gilt jedoch (status = nil), damit wird die Untersuchung explizit an den Benutzer weitergeleitet. Dabei kann für die Objekte IOStatus, Ventil und Relais auf eine Beschreibung der Instanz mit Hilfe einer Klassenvariablen (hier: 'SignalBeschreibung') zugegriffen und damit die Abfrage selbst komfortabler gestaltet werden.

Nach der Befragung wird 'status' entsprechend gesetzt und über mehrere Ebenen (mit 'return values') als Antwort auf die Nachricht in Methode (5) zurückgegeben. Mit dieser Information ausgestattet kann nun der Fehler eingegrenzt werden, indem das System über "N1" bzw. "J1" verzweigt.

Im aktuellen Beispiel sei ('IN32' = logisch 1) angenommen. So erhält im darunter angesiedelten ersten Teilblock die mit einem Pfeil gekennzeichnete Untersuchung (2) Priorität. (Warum Untersuchung (3) hier entgegen dem statischen Ablauf keine Priorität besitzt, ist früher erläutert worden!). Es sei (Ventil 'V21Y4' = geschaltet) angenommen; somit wird über "N4" die Abarbeitung gesteuert und im zweiten Teilblock des Planes (mit identischer Struktur) aus dem genannten Grund das Ventil 'V21Y5' untersucht.

Zur Steuerung über die jeweils aktuellen 'flag' Werte sei hier noch etwas bemerkt:

'flag = false ifFalse: ' mutet auf den ersten Blick recht exotisch an, spiegelt jedoch exakt die Fragestellung in der aktuellen Untersuchung (2) wieder. Unter Berücksichtigung des Namens der Methode (ventilGeschaltet) wird genau dann über "N4" verzweigt, falls für 'Ventil nicht geschaltet' (flag = false) 'false' (ifFalse:) gilt. Es tauchen also verschiedene Verzweigungsstrukturen auf, die genau der 'Realität', d.h. den Plänen entsprechen.

Wir kommen zur Untersuchung zurück. Es sei hier (Ventil 'V21Y5' geschaltet) angenommen, wodurch über "J6" verzweigt wird. Im vorliegenden Fall muß jedoch aufgrund der vorgezogenen Befragung (4) die Untersuchung (3) noch explizit durchgeführt werden. Dies ist in (5) im 'ifTrue: ' Zweig der Untersuchung von 'aVentil2' realisiert. In diesem Zusammenhang sei ('OUT30' logisch 0) angenommen, so daß nun, da beide Informationen aus (4) und (5) vorliegen, deterministisch über "N5" nach "J6" verzweigt werden kann. Die Methode 'ventilNichtinRuhestellung: ...' wird dadurch relevant (9). Zunächst erfolgt die Ausgabe einer Zwischendiagnose. Der in (9) sich anschliessende Block von Untersuchungen behandelt einen Spezialfall für die Ventile 'V21Y1' sowie 'V21Y2'. Da jedoch im aktuellen Beispiel (aVentil = 'V21Y5') gilt, wird dieser Block nicht aktiv. Es bleibt somit lediglich die Untersuchung des Relais 'R21K6', für die hier (bistDuAngezogen: 'R21K6' = false) angenommen wird.

Damit kann die Ursache des Fehlers lokalisiert und, analog zum Plan, eine Enddiagnose gestellt sowie eine Abhilfemaßnahme vorgeschlagen werden. Von der Wirkung des Fehlers (I48) wurde damit erfolgreich auf seine Ursache ('Rückstelleinrichtung des Ventils defekt') zurückgeschlossen. Die Diagnose ist damit beendet.

VI Fehlerorientierte Variante: FOMEX

VI.1 Einführung und Motivation

Im Gegensatz zu den bisher erläuterten Konzepten liegt FOMEX ein fehler-
orientierter Ansatz zugrunde. Fehlerorientiert bedeutet, daß Wissen über
Fehler explizit und getrennt von heuristischem Wissen über Suchstrategien
repräsentiert wird. Insgesamt gesehen orientiert sich das System sehr stark an
den allgemeinen Beschreibungselementen aus §1, die wir hier nicht im
einzelnen wiederholen. Sie werden aber in der Architekturbeschreibung noch
einmal diskutiert.

VI.2 Funktionale Beschreibung

Wie bereits erwähnt, stehen im FOMEX-System die Fehler im Zentrum der
Repräsentation des Wissens. Sie dienen als Mittel der Strukturierung einer
Wissensbasis. Neben den Fehlern sind Symptome und Tests weitere Grund-
objekte des FOMEX-Systems. In der Regel bestimmen Tests die Symptomwerte durch Fragen an den Benutzer. Spezielle Tests repräsentieren die
funktionalen Zusammenhänge zwischen Symptomwerten. Diese entsprechen
vorwärtsverketteten Regeln im herkömmlichen Sinn.

Heuristische Bewertungsfaktoren der Untersuchungen legen die Reihenfolge der Symptomerfragung innerhalb einer gegebenen Menge von Symptomen fest.

Die Trennung von Faktenwissen über Fehler und Heuristiken zur Bestimmung einer "sinnvollen" Reihenfolge der Symptomerfragung hat zur Folge, daß die Wissensakquisition erleichtert wird. Sobald das Faktenwissen dem System in Form einer Fehlerhierarchie zur Verfügung steht, kann diagnostiziert werden. Dabei wird die nächste Untersuchung zufällig ausgewählt. Durch Eingabe der Heuristiken wird die Diagnose schneller gefunden, da die Reihenfolge der Untersuchungen nicht mehr zufällig, sondern sinnvoll festgelegt ist.

Das System enthält eine Repräsentation für Situationen, die das während einer Diagnosesitzung erlangte Wissen über die aktuellen Symptomausprägungen speichert. Aufgrund der momentanen Situation kann festgestellt werden, welche Fehler vorliegen und welche nicht. In Situationen, die nur partiell erfaßt sind, können Fehlerbeschreibungen existieren, die weder erfüllt noch widerlegt sind.

Ein Fehler wird, wie in Kapitel 1 beschrieben, durch Formeln der Prädikatenlogik erster Stufe dargestellt, wobei die Symptome (eigentlich: die Symptomvariablen) die Variablen des Kalküls sind und eine Situation die aktuelle Bindung aller Variablen enthält. Da Situationen nur partiell beschrieben sein können, wird eine dreiwertige Logik zur Evaluation der Formeln verwendet.

Im FOMEX-System beschreiben je zwei Formeln einen Fehler, eine bestätigende und eine ablehnende. Erstere repräsentiert Situationen, in denen die Diagnose gestellt werden kann; letztere hingegen beschreibt das "Nicht-Vorliegen" eines Fehlers. Abb. VI.1 veranschaulicht, daß beide Formeln nicht unbedingt logische Komplemente sein müssen, da es Situationen geben kann, über die das vorhandene Wissen keine Aussage macht. Den widersprüchlichen Fall der Überlappung haben wir hier ausgeklammert.

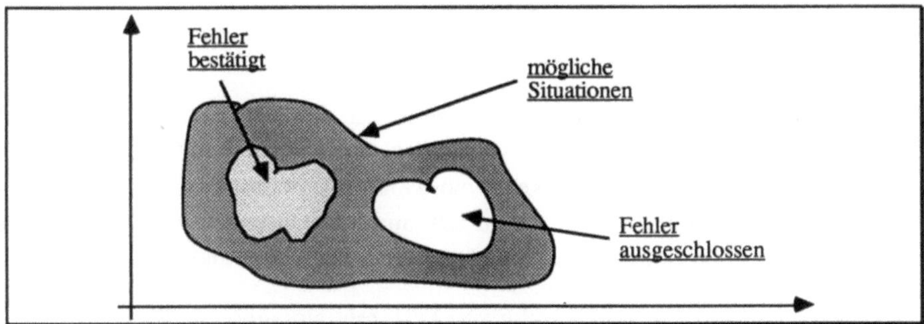

Abbildung VI.1: Unscharfe Fehlerbeschreibungen

Dem FOMEX-System liegt eine explizit dargestellte Fehlerhierarchie zugrunde, deren Kanten in erster Näherung eine "Ist-Verfeinerung-von"-Semantik haben. Diese Hierarchie unterstützt die Erklärungskomponente des Expertensystems, da Fehlerbeschreibungen auf verschiedenen Abstraktionsniveaus es erleichtern, Erklärungen zu generieren. Fehlerhierarchien wurden schon bei MOLTKE 1 diskutiert.

Die Fehlerhierarchie (siehe Abb. VI.4) ist das wichtigste Strukturierungsmittel des Systems. Sie gliedert das Wissen vertikal (in verschiedene Abstraktionsebenen), enthält Beschreibungen von Fehlern, spannt den Suchraum auf und bildet so die Basis für die Diagnose.

Ein weiterer zentraler Begriff ist die "aktuelle Fehlerhypothese". Diese bezeichnet den aufgrund der aktuellen Situation verdächtigsten Fehler in der Hierarchie und wird aufgrund einer heuristischen Bewertung bestimmt.

Diagnose wird als Suche in der Fehlerhierarchie angesehen. Die aktuelle Fehlerhypothese steuert diese, indem sie eine von fünf Operationen auslöst. Die Operationen sind:

up   Rückkehr zum Vaterknoten, d.h. dieser wird zur aktuellen Fehlerhypothese (Wird z.B. ausgelöst, wenn die aktuelle Fehlerhypothese nicht bestätigt werden kann)

down   Abstieg zu einem Sohnknoten, d.h. dieser wird zur aktuellen Fehlerhypothese (Wird z.B. ausgelöst, wenn eine

        Verfeinerung des Fehlers durch das Testen weiterer
        Symptome verifiziert werden soll)

examine   Versuch, den Verdacht zu erhärten, daß die aktuelle
        Fehlerhypothese der tatsächlich vorhandene Fehler ist.
        Dazu muß in der Regel ein weiterer Symptomwert
        bestimmt werden (Wird z.B. ausgelöst, wenn in der
        Fehlerformel noch unbekannte Symptome enthalten sind).

examine-all   Zur Realisierung von Differentialdiagnostik. Eine
        Menge von Diagnosen wird gleichzeitig überprüft:
        dazu wird ein Test ausgewählt, der eine dieser
        Diagnosen bestätigen kann.

stop   Ende der Suche. Eine Diagnose wurde gestellt oder der
        Fehler liegt außerhalb des Kompetenzbereiches des
        Expertensystems.

Diese Operationen dienen zur Realisierung verschiedener Suchstrategien, wobei jeder Fehler eine eigene Strategie verfolgen kann, die für ihn fest implementiert ist.

Um das System offen zu halten, hat der Benutzer die Möglichkeit, Entscheidungen des Systems zurückzunehmen. Zusätzlich wird ihm gestattet, die aktuelle Fehlerhypothese zu bestimmen und die nächste Untersuchung auszuwählen.

VI.3 Architektur der FOMEX-Shell

Der Aufbau des FOMEX-Systems ist in Abbildung VI.2. dargestellt.

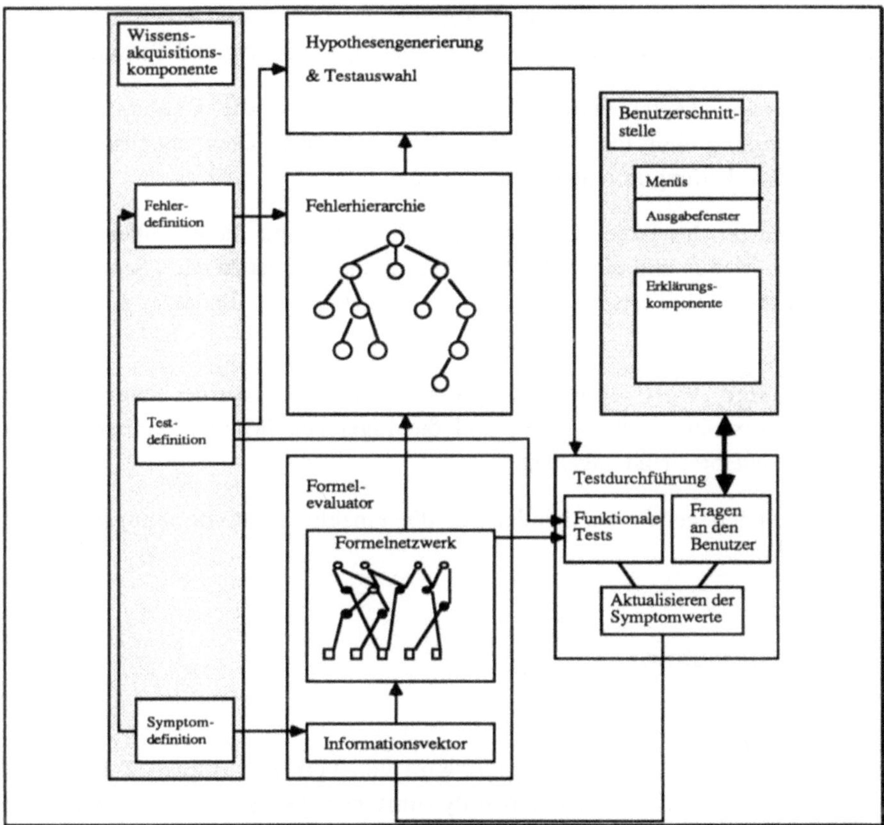

Abbildung VI.2: Architektur des FOMEX-Systems

Der Wissensingenieur benutzt die *Wissensakquisitionskomponente* zur Erstellung der Wissensbasis. Diese umfaßt Beschreibungen von Symptomen, Tests und Fehlern.

Der *Formelevaluator* bildet den Kern des Systems. Er stellt sicher, daß alle Formeln den zur augenblicklichen Situation einen korrekten logischen Wert besitzen. Um diese Aufgabe effizient zu erfüllen, wurde ein Rete-ähnliches Netzwerk implementiert (siehe auch Kapitel VII).

Die *Fehlerhierarchie* umfaßt die Beschreibungen aller dem System bekannten Fehler. Sie dient als Grundlage zur Hypothesengenerierung und Testauswahl.

Funktionale Tests[1] werden durchgeführt, wenn die Evaluation ihrer Vorbedingung den logischen Wert "true" liefert. Dies entspricht einer Vorwärtsverkettung in regelbasierten Systemen.

Der Benutzer des Expertensystems kommuniziert mit diesem über eine aus Fenstern, Menüs und einer Erklärungskomponente bestehenden *Schnittstelle*. Sie wickelt auch Tests ab, die sich aus Fragen an den Benutzer zusammensetzen.

Sobald der Wert eines Symptoms verändert wurde, werden der *Informationsvektor* aktualisiert und die logischen Werte aller betroffenen Formeln entsprechend angepaßt.

Im folgenden gehen wir wieder auf die einzelnen Beschreibungselemente näher ein.

VI.3.1 Symptome

Die Beschreibung eines Symptoms wird von FOMEX in zwei Teile aufgespalten: einen statischen und einen dynamischen. Der statische verändert sich nicht während der Laufzeit des Programms. Er umfaßt den Typ des Symptoms und die Menge aller zur Messung des aktuellen Wertes möglichen Untersuchungen.

Der dynamische Teil wird während einer Diagnosesitzung belegt. Er besteht aus dem aktuellen Wert des Symptoms und dem zur Messung benutzten Test.

---

[1]   Der Begriff "funktionaler Test" spiegelt die Intention wider, daß sich der Symptomwert aus den Symptomausprägungen der Vorbedingungen bestimmen läßt und somit quasi von ihnen funktional abhängig ist.

Die Liste aller bestimmten Symptomwerte repräsentiert den Informationsvektor. Dieser bildet die Basis der Interpretation der Formeln.

VI.3.2 Tests

Ein Test stellt ein Verfahren zur Bestimmung von Symptomwerten dar. Seine Beschreibung enthält eine Vorbedingung. Diese besteht aus einer Formel, die erfüllt sein muß, damit der Test durchgeführt werden darf. Dadurch kann die Durchführung einer Untersuchung in bestimmten Situationen, z.B. bei nicht vorhandenen Meßgeräten oder einem zu niedrigen Qualifikationsgrad des Benutzers, verhindert werden.

Jeder Untersuchung ist ein Prioritätsparameter zugeordnet. Dieser wird beim Vergleich zweier Tests zur Auswahl des geeigneteren benutzt. Die Prioritätsparameter dienen somit zur Darstellung der Testauswahlheuristiken. Dies ist auch einer der Kritikpunkte beim FOMEX-System: die Repräsentation der Heuristiken ist stark implizit. Das gesamte Wissen über Heuristiken muß von dem Wissensingenieur in eine Zahl kodiert werden und ist somit vom Anwender nur schwer zu verstehen.

Im FOMEX-System werden zwei Arten von Untersuchungen benutzt. Die erste repräsentiert funktionale Zusammenhänge zwischen Symptomen, wohingegen die zweite einen Test als eine Frage an den Benutzer versteht.

Funktionale Tests werden im Sinne eines Vorwärtsverkettungsprozesses verstanden[1]. Sie können allerdings auch zur Darstellung von Abstraktionsabbildungen dienen[2].

VI.3.3   Der Formelevaluator

Der Formelevaluator sorgt dafür, daß alle Formeln einen zu der aktuellen Belegung der Variablen, d.h. der Symptome, konsistenten logischen Wert haben. Die Syntax der Formelsprache werden wir übergehen, es genügt im wesentlichen zu wissen, daß eine Formel eine Instanz der Klassen ist, die die Blätter des in Abb. VI.3 dargestellten Baumes bilden.

Der Formelevaluator geht von einer dreiwertigen Logik mit den Werten *true*, *false* und *unknown* aus.

---

[1]   z.B. können Tests definiert werden, die folgende Semantik beschreiben: (1) Wenn die Lampe brennt, dann sind die Kabel in Ordnung. (2) Wenn die Kabel in Ordnung sind, dann leiten sie den Strom. Falls nun das Symptom Lampe den aktuellen Wert "brennt" hat, leitet das System daraus zuerst ab, daß die Kabel in Ordnung sind. Da nun wiederum die Vorbedingung des zweiten Tests erfüllt ist, folgert das System, daß der Strom fließt.

[2]   z.B.: Wenn die Spannung am Eingang des Transformators größer ist als 200 Volt, dann ist die Stromversorgung des Transformators in Ordnung.

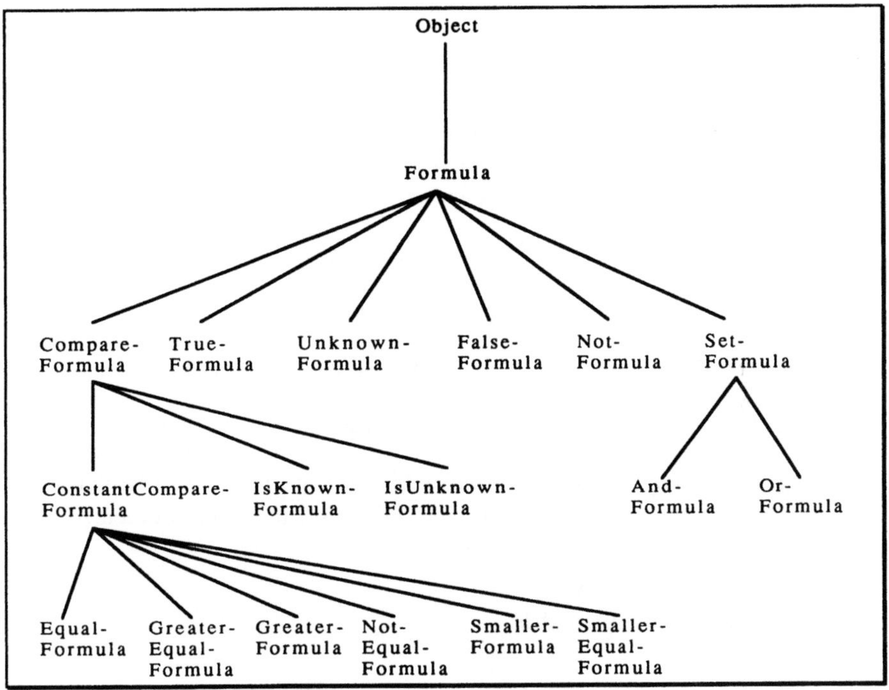

Abbildung VI.3: Formelklassen

VI.3.4 Diagnosen

Fehlerbeschreibungen umfassen Formeln zur Bestätigung bzw. Widerlegung der Diagnose. Eine heuristische Bewertung beschreibt, welcher von zwei Fehlern zuerst überprüft wird. Sie ist abhängig von den logischen Werten der dem Fehler zugeordneten Formeln. Die möglichen Bewertungen sind geordnet und die Werte sind (in ansteigender Reihenfolge):

errorNotProvable   Fehler ist nicht beweisbar

errorDisproved   Fehler wurde widerlegt

errorDisprovedBestSon	Alle Verfeinerungen wurden widerlegt
errorPossible	Fehler möglich
errorSuspiciousBestSon	Eine Verfeinerung ist verdächtig (positive Evidenz = mindestens ein Symptom ist nachgewiesen)
errorSuspicious	Fehler ist verdächtig
errorWishedByUser	Fehler ist Benutzerhypothese
errorProvedBestSon	Verfeinerung wurde nachgewiesen
errorProved	Fehler nachgewiesen

Ein ausgezeichneter Wert ist *errorWishedByUser*, er wird einem Fehler zugeordnet, falls der Benutzer explizit angibt, daß dieser überprüft werden soll.

VI.3.5 Diagnosehierarchie

Diagnosen werden im FOMEX-System in einem Verfeinerungsbaum geordnet (s. Abb. VI.4). Die Diagnose *RootError* ist die Wurzel des Fehlerbaumes. Ihre abstrakte Bedeutung ist: "Das zu diagnostizierende System arbeitet fehlerhaft". Die weiteren Knoten repräsentieren Grob-, Zwischen- und Enddiagnosen.

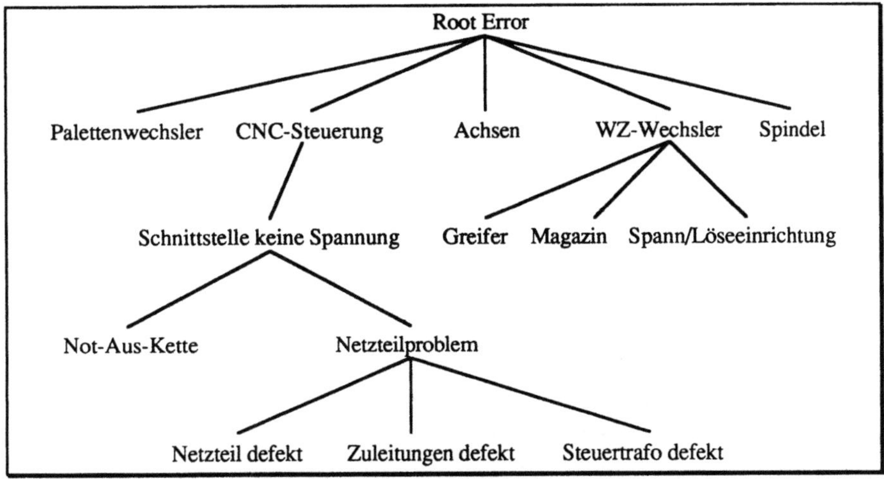

Abbildung VI.4: Fehlerhierarchie

In der vorliegenden Anwendung wäre eigentlich ein gerichteter, azyklischer Graph für die Repräsentation der Fehlerhierarchie angemessen gewesen, da es mehrere konkrete Fehlerbeschreibungen gibt, die als Verfeinerung von einer Menge von abstrakten Diagnosen angesehen werden können (d.h. zu einem konkreten Fehler gibt es mehrere abstrakte). Dies ist insbesondere der Fall, wenn ein (komplexes) Bauteil mehrere, unterschiedliche Fehler haben kann, aber als ganzes ausgetauscht wird.

Beispiel:

Die IO-Karte der CNC-Maschine ist mit mehreren ICs bestückt, die alle fehlerhaft sein können. Je nachdem, welches der ICs ausfällt, wird ein anderer Pfad der Diagnosehierarchie durchlaufen, wobei der konkrete Fehler immer "IO-Karte defekt" ist.

Darauf wird in MOLTKE2 (Kap. VII) näher eingegangen. Im FOMEX-System muß nun für jeden abstrakten Fehler ein konkreter definiert werden, wodurch eine gewisse Redundanz entsteht (d.h. der Fehler auf der IO-Karte wird mehrmals modelliert).

VI.3.6   Der Interpretationsmechanismus

Die Diagnosefindung ist im wesentlichen eine Implementierung des Prinzips Hypothesize-and-Test. Das System generiert einen Verdacht, die aktuelle Hypothese, indem die Diagnosehierarchie von der Wurzel bis zu einer Fehlerbeschreibung mit dem logischen Wert *unkown* durchlaufen wird. Dann wird versucht, diesen durch die Bestimmung weiterer Symptome zu erhärten. Falls dabei ein Widerspruch auftaucht, wird eine neue Hypothese bestimmt.

Die nächste Entscheidung wird von der aktuellen Hypothese aufgrund der zugeordneten heuristischen Bewertung getroffen. Wie bereits erwähnt, wurden dazu mehrere Operationen definiert.

- examine (wird ausgelöst bei: *errorPossible, errorSuspicious*):

  Der aktuelle Verdacht soll genauer untersucht werden. Dazu wird ein weiterer Symptomwert bestimmt. Aus diesem Grund werden zuerst alle in der aktuellen Hypothese noch unbekannten Symptome gesammelt. Danach wird die Menge aller Tests, die zur Bestimmung eines der unbekannten Symptome benutzt werden können, erzeugt. Aus dieser wird dann die Untersuchung mit der höchsten Priorität ausgewählt. Hier fließt heuristisches Wissen ein, das als Prioritätsparameter bei den einzelnen Untersuchungen gespeichert ist. Anschließend wird die ausgewählte Untersuchung durchgeführt, der Informationsvektor erweitert und die logischen Werte der Formeln der neuen Situation angepaßt. Falls dadurch die Vorbedingung eines funktionalen Test erfüllt wird, so wird dieser durchgeführt. Zuletzt wird noch die aktuelle Hypothese auf *RootError* gesetzt (als Folge wird dann die aktuelle Hypothese mit Hilfe anderer Operationen neu bestimmt).

- down (wird ausgelöst bei: *errorProved, errorSuspiciousBestSon, errorProvedBestSon*)

Eine Verfeinerung der aktuellen Hypothese soll verifiziert werden. Dazu steigt das System in den Baum ab, indem der im Augenblick am besten bewertete Sohn ausgewählt wird. Falls die heuristische Bewertung des besten Sohnes diesen als möglichen Fehler ausschließt, d.h. falls er den Wert errorDisproved oder errorDisprovedBestSon hat, ist es nicht sinnvoll in die Hierarchie abzusteigen. Da der Abstieg aber von der aktuellen Hypothese gewünscht wird, liegt ein Widerspruch vor. Das System meldet dann, daß die heuristische Bewertung des besten Sohnes zu schlecht ist und bricht die Diagnosesitzung ab.

- stop

Diese Operation beendet eine Diagnosesitzung und gibt davor noch den Fehlernamen und eine Abhilfemaßnahme aus.

- up (wird ausgelöst bei: *errorDisproved, errorNotProvable*)

Diese Operation wird von der aktuellen Hypothese angestoßen, wenn sie nicht verifizierbar ist, d.h. sie kann weder bewiesen noch widerlegt werden. Das System soll nun in einem benachbarten Zweig des Baumes weitersuchen. Dazu wird der Vater des aktuellen Verdachts zur aktuellen Hypothese. Um einen erneuten Abstieg in den nicht zu verifizierenden Zweig zu verhindern, wird dessen heuristische Bewertung auf den Wert *errorNotProvable* gesetzt, der nur für diesen Zweck eingeführt wurde und von allen möglichen heuristischen Werten der schlechteste ist.

- examineAll (alternativ zu examine)

Eine Differentialdiagnose wird immer für alle Söhne der aktuellen Hypothese durchgeführt. Das System geht davon aus, daß Brüder einander ähnlich sind, da sie Verfeinerungen der gleichen Diagnose sind. Die Operation examineAll unterscheidet sich von der Operation examine nur in der Bestimmung der unbekannten Symptome. Letztere bestimmt nur die unbekannten Symptome der aktuellen Hypothese, erstere bildet die Menge der unbekannten Symptome aller Verfeinerungen des aktuellen Verdachtes.

Eine Skizze des Interpretationsalgorithmus findet sich in Abb. VI.5:

```
"Beim Start der Diagnose wird die aktuelle Hypothese mit dem RootError
belegt. Dieser bildet die Wurzel des Suchraums."
ActualHypothesis := RootError;
While der Fehler noch nicht gefunden wurde do:
        "Bestimme die als nächstes durchzuführende Aktion"
        nextAction := ActualHypothesis nextAction;
        case nextAction of
                #examine:      Diagnosis examineAction;
                #down:         Diagnosis downAction;
                #stop:         Diagnosis stopAction;
                #up:           Diagnosis upAction;
                #examineAll:   Diagnosis examineAllAction;
        endCase;
endWhile;
```

Abbildung VI.5: Der Algorithmus des Interpreters

VI.3.7 Benutzerschnittstelle

Das FOMEX-System stellt zwei Schnittstellen für seine Benutzer zur Verfügung:

1) Die Wissensakquisitionskomponente

    Sie dient dem Wissensingenieur zur Erstellung der Wissensbasis. Die implementierte Schnittstelle basiert auf dem Smalltalk-80 Browser und stellt Muster (Templates) für die Eingabe der Basiskonzepte zur Verfügung.

2) Die Interviewerkomponente

    Die Interviewerkomponente stellt dem Anwender eine menü-orientierte Oberfläche zur Eingabe der aktuellen Symptomwerte zur Verfügung. Desweiteren wurde eine Erklärungskomponente implementiert (s.u.).

VI.3.7.1 Die Erklärungskomponente

Die Erklärungskomponente kann (auf einfache Weise) mehrere Arten von Fragen beantworten:

- What ?

    Als Antwort auf diese Frage liefert das System eine Erklärung, was das im Moment erfragte Symptom bedeutet.

- How ?

    Diese Frage zielt in die Vergangenheit des Inferenzprozesses. Der Benutzer möchte erfahren, wie das System zu seinen Schlußfolgerungen gelangt ist. Als Antwort erzeugt das System eine Liste von Begründungen, warum ein Fehler seinen Brüdern in der Hierarchie gegenüber vorzuziehen ist.

- Why ?

    Im Gegensatz zur How-Frage zielt die Why-Frage in die Zukunft: Der Benutzer will wissen, warum der Wert des Symptoms erfragt wird. Das System gibt als Antwort die aktuelle Fehlerhypothese zusammen mit einer Liste der unbekannten Symptome aus. Die aktuelle Frage wird immer gestellt, weil die entsprechende Untersuchung am besten bewertet wurde.

- Why not ?

    Hier erhält der Benutzer eine Erklärung, warum der Fehler F im Moment verdächtigt wird und nicht einer seiner Brüder. Dazu muß er den zu vergleichenden Bruder noch auswählen. Man erhält einen Eintrag, der die Beantwortung der Frage um eine Stufe nach oben (in der Fehlerhierarchie) verlagert. Die Begründung kann in einer besseren heuristischen Bewertung, einer größeren a-Priori-Wahrscheinlichkeit (oder einer willkürlichen Auswahl) bestehen.

Die Implementierung der Erklärungskomponente basiert auf der Fehlerhierarchie. Dadurch erlaubt sie das Generieren von Erläuterungen auf verschiedenen Ebenen der Abstraktion, da sie die Beschreibungen der Fehler auf verschiedenen Ebenen ausnutzen kann.

VI.3.8 Ändern von Symptomwerten

Der Formelevaluator des FOMEX-Systems sorgt für die Konsistenz der logischen Werte von Formeln mit den jeweils bekannten Symptomausprägungen. Dies ist unproblematisch, wenn ein monotones Verhalten vorausgesetzt werden kann (d.h. durch das Bereitstellen neuer Daten darf keine gemachte Schlußfolgerung ungültig werden).

In der Praxis ist es allerdings oft erforderlich, Werte von Symptomen zu ändern (z.B. nach einer fehlerhaften Eingabe durch den Benutzer; bei einer Prozeßüberwachung müssen die Sensordaten in der Regel periodisch neu abgefragt werden).

Aus der Änderung eines Symptomwertes resultiert normalerweise ein nicht-monotones Verhalten, wenn aus diesem auf weitere Symptome geschlossen wurde. Im FOMEX-System stehen für diesen Forward-Chaining-Prozeß funktionale Tests zur Verfügung. Diese berechnen den Wert eines Symptoms, falls ihre Vorbedingung den logischen Status *true* annimmt. Falls dieser nun durch die Änderung einer Symptomausprägung zurück auf *unknown* oder *false* wechselt, müssen die Auswirkungen des Tests, d.h. der gesetzte Wert, zurückgenommen werden[1].

---

[1]   z.B.: Das Symptom Kabel wurde auf Grund der Regel "Wenn die Lampe brennt, dann sind die Kabel in Ordnung" auf den Wert "in Ordnung" gesetzt.

Im FOMEX-System wurden entsprechende Mechanismen implementiert.

Nun prüft der Benutzer nochmals die Lampe und stellt fest, daß sie defekt ist.
Im Anschluß muß natürlich der aktuelle Wert des Symptoms Kabel zurückgenommen werden.

VII Das MOLTKE 2 Basissystem

In diesem Kapitel wird das MOLTKE 2 Basissystem, die weiterentwickelte Version unserer Shell für Diagnoseexpertensysteme, beschrieben. Es basiert auf den Erfahrungen, die durch die in den vorhergehenden Kapiteln geschilderten Systeme gewonnen wurden und auf Ideen von S. Kockskämper.

Im ersten Abschnitt motivieren wir kurz unsere Weiterentwicklungen der älteren Systeme. Bisherige Überlegungen erscheinen dabei in einem etwas erweiterten und teilweise neuem Licht. Der zweite Teil dieses Kapitels beschreibt das Basissystem aus den Sichten des Anwenders und des Wissensingenieurs; der dritte umfaßt eine Beschreibung der Architektur des Expertensystems, wohingegen im letzten einige Details der Implementierung dargestellt werden.

VII.1 Motivation

In Expertensystemprojekten bildet in der Regel die Wissensakquisition den Flaschenhals. Ein Hauptgrund für diese Schwierigkeit ist in der Lücke zwischen der Sprache des Experten und der Implementierung zu sehen. So spricht ein Anwendungsexperte im Bereich der Diagnose über Symptome, Untersuchungen und Fehler, dagegen liegen der Begriffswelt des Wissensingenieurs Konstrukte wie Frames, Regeln, Constraints und semantische Netze zugrunde. Um die Lücke zwischen den beiden Sprachebenen zu verkleinern, stellt das MOLTKE-Basissystem Primitive zur Verfügung, die der Ebene des Experten angenähert sind. Dies stellt natürlich eine Spezialisierung auf ein bestimmtes Anwendungsgebiet dar (in unserem Fall auf die technische Diagnose). Der Vorteil ist allerdings in der erleichterten Wissensakquisition zu sehen. Zusätzlich kann durch die Spezialisierung auf einen konkreten

Anwendungsbereich die Implementierung dessen Besonderheiten ausnutzen und damit eine sehr effiziente Verarbeitung des Wissens ermöglichen.

Ein Merkmal der technischen Diagnose ist die Integration von Sensorinformationen in den Verarbeitungprozeß. Das System muß Symptome datengesteuert[1] und in beliebiger Reihenfolge, eventuell. asynchron, verarbeiten können. Diese Anforderung schließt in der Regel Entscheidungsbaumverfahren aus, da diese eine Ordnung für die Erhebung der Meßwerte vorgeben.

Gleichberechtigt zu der datengesteuerten Verarbeitung von Symptomen steht die systemgesteuerte Meßwerterhebung, d.h. das Expertensystem muß in einem interaktiven Prozeß mit dem Benutzer die Initiative ergreifen können und Vorschläge generieren, welche Untersuchung als nächstes durchzuführen ist.

VII.2 Funktionale Beschreibung

Im Laufe des MOLTKE-Projektes entwickelten wir ein einfaches Modell für die technische Diagnose. Der diagnostische Prozeß läßt sich, wie schon mehrfach hervorgehoben, wie folgt beschreiben:

<u>Diagnoseprozeß = Klassifikation + Testauswahl</u>

Dabei verstehen wir unter Klassifikation die Zuordnung einer Situation zu einem Fehler. In Situationen, in denen diese auf Grund unzureichenden Wissens nicht möglich ist, wird hingegen eine Untersuchung ausgewählt, die einen möglichst großen Informationsgewinn verspricht. Beide Aufgaben muß ein Diagnose-Expertensystem erfüllen.

Für die Beschreibung der funktionalen Sicht auf das Basissystem muß man zwei Benutzerklassen unterscheiden: den Ersteller und den Anwender des Expertensystems.

---

[1] Daten müssen verarbeitet werden sobald sie vorhanden sind, d.h. sobald ein Meßwert bekannt ist, muß das System ihn in seinem Schlußfolgerungsprozeß ausnutzen.

Der Anwender sieht das Expertensystem als Black-Box. Er unterscheidet nicht zwischen dem gespeicherten Wissen und der Inferenzkomponente. Er kommuniziert mit dem System über die Benutzerschnittstelle, die damit die Sicht des Anwenders repräsentiert. Im Gegensatz dazu steht der Wissensingenieur. Dieser erstellt die Wissensbasis und sieht somit zusätzlich die Repräsentationssprache für die Wissensbasis, die Wissensakquisitionskomponente und den Interpretationsmechanismus.

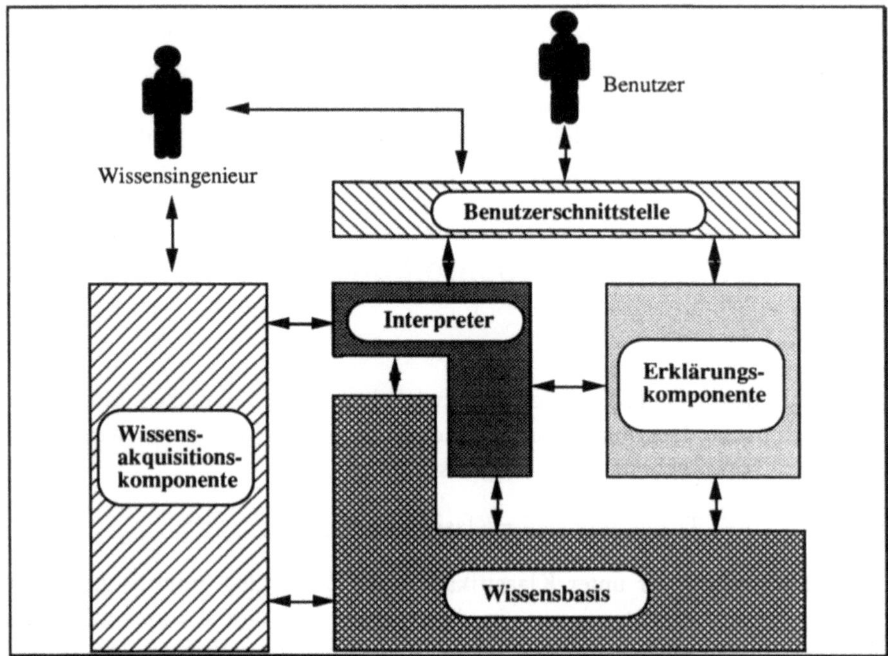

Abbildung VII.1: Komponenten eines Expertensystems

VII.2.1 Anwendersicht

Der Anwender kommuniziert interaktiv mit dem Expertensystem über eine menüorientierte Schnittstelle. Durch die Verwendung von Menüs wird auch eine erste Konsistenz der Eingabedaten hergestellt, da nur zulässige Werte angewählt werden können.

Während einer Diagnosesitzung stellt das System dem Benutzer Fragen nach Symptomen und gibt ihm die Möglichkeit über ein Menü den aktuellen Wert einzugeben. Sobald ausreichend Symptomwerte eingegeben wurden, stellt das System eine Diagnose, wobei zwischen Grob-, Zwischen- und Enddiagnosen unterschieden wird. Grob- und Zwischendiagnosen repräsentieren abstrakte Fehler. Enddiagnosen hingegen deuten auf das Bauteil, das defekt ist und ausgetauscht werden muß. Sobald eine Enddiagnose gefunden wurde, beschreibt das System die Abhilfemaßnahme.

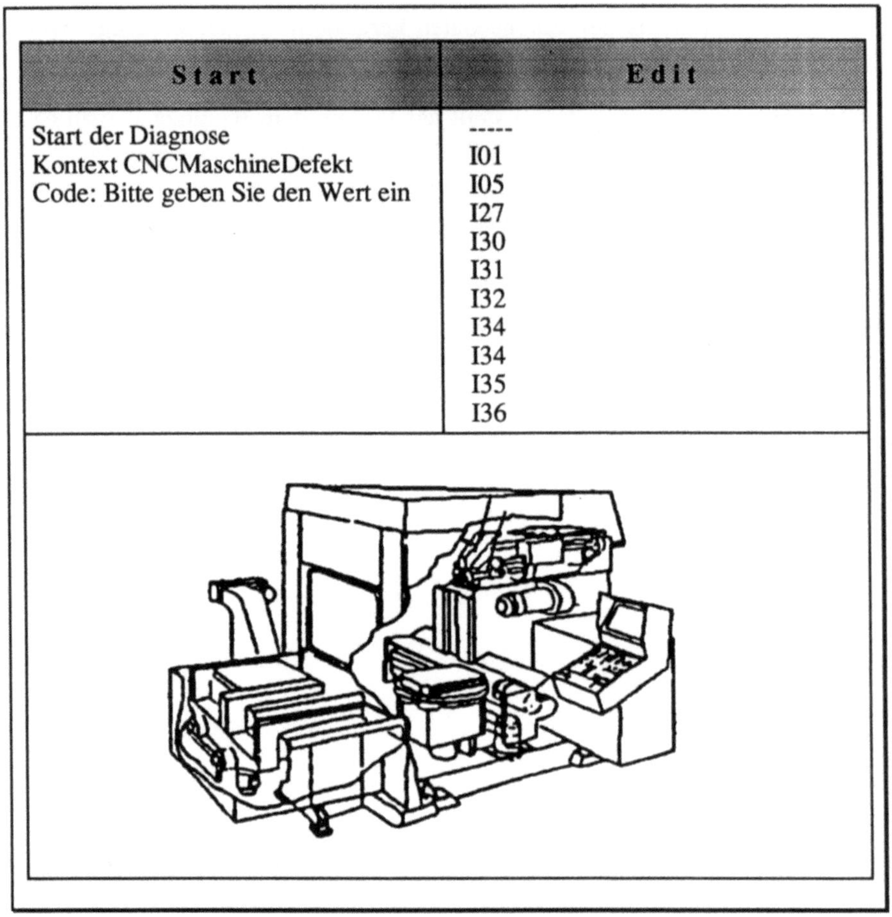

Start	Edit
Start der Diagnose Kontext CNCMaschineDefekt Code: Bitte geben Sie den Wert ein	----- I01 I05 I27 I30 I31 I32 I34 I34 I35 I36

Abbildung VII.2: Benutzerschnittstelle

Der Dialog mit dem Benutzer wird in der Regel durch das System gesteuert. Dies ist sinnvoll, falls es eine größere Kompetenz als der Anwender besitzt[1].

---

[1] In der geschilderten Anwendung wird das System zur Unterstützung des Maschinenbedieners eingesetzt. Dieser kann unter Anleitung kleinere Mängel selbst beheben. Falls ein größerer Defekt auftritt, wird der Maschinenbediener mit dem Expertensystem eine Grobdiagnose stellen, so daß der herbeigerufene Servicetechniker gezielt Ersatzteile mitbringen kann.

Falls das System nur zur Unterstützung des eigentlichen Experten dient, ist es nicht sinnvoll, die Steuerung der Symptomerhebung vollständig dem System zu überlassen, da die größere Kompetenz doch noch bei dem Experten liegt. Dieser wird das System nicht benutzen, wenn es andere, vermeintlich schlechtere, Diagnosestrategien verfolgt als er selbst. Um nun die Benutzerakzeptanz zu erhöhen, hat der Anwender jederzeit die Möglichkeit andere Symptome als die vom System geforderten einzugeben. Diese Möglichkeit erlaubt auch, dem Expertensystem einige Symptome zur Initialisierung vorzugeben. Abbildung VII.3 zeigt einen Beispieldialog.

```
Start interpretation
Context CNCMaschineDefekt
Code : Please enter the value.                                    134
Context WerkzeugLaesstSichNichtSpannen
Ventil5Y1 : Please enter the value.                      nichtGeschaltet
Ventil5Y2 : Please enter the value.                      nichtGeschaltet
IoStatusOUT24 : Please enter the value.                  logisch1
Context Ventil5Y2Geschaltet
SpannungKP459 : Please enter the value.                  SpannungLiegtAn
Relais21K7 : Please enter the value.                     Geschaltet
LeitungenSpannLoeseEinrichtung : Please enter the value. gebrochen
Es liegt ein Leitungsdefekt vor. Bitte tauschen Sie die gebrochenen Leitungen
aus.
End of diagnosis
```

Abbildung VII.3: Beispieldialog

VII.2.2 Sicht des Wissensingenieurs

Ein Hauptziel der Entwicklung des Basissystems war die Verkleinerung der Lücke zwischen der Sprache des Experten und der Implementierung. Aus diesem Grund spiegeln die Repräsentationsprimitive der Shell Konzepte aus dem Bereich der technischen Diagnose wider. Die zur Verfügung gestellten Objekte werden im folgenden aus der Sicht des Wissensingenieurs beschrieben.

Ein Basiskonzept der Diagnose ist das Symptom oder der Meßwert. Jedes Symptom hat einen bestimmten Typ, der die möglichen Meßwerte beschreibt. In der Regel reichen Aufzählungstypen aus. Jedem Typ kann ein Namen zugewiesen werden. Im MOLTKE 2 System wird zwischen einer Symtomklasse und einer Symptominstanz unterschieden. Die Klasse ordnet einem Symptom einen Typ zu, wohingegen die Instanz einen konkreten Meßpunkt beschreibt[1].

Beispiel (Benutzereingaben sind kursiv geschrieben)[2]:

<u>Definition eines Aufzählungstyps mit dem Namen *Ventilstellung*:</u>

EnumerationType createType: #*Ventilstellung* withValues: #(*offen geschlossen*).

<u>Definition einer Symptomklasse *Ventil*:</u>

Symptom createSymptom: #*Ventil* withType: *Ventilstellung*.

<u>Definition zweier konkreter Ventile *V21Y1* und *V21Y2*:</u>

Ventil newSymptom: *V21Y1* comment: '*Das Ventil 21Y1 befindet sich auf der IO-Karte*'.

Ventil newSymptom: *V21Y2* comment: '*Das Ventil 21Y2 befindet sich auf der IO-Karte*'.

Der Kommentar einer Symptominstanz beschreibt dem Anwender, wie bzw. wo das Symptom gemessen werden kann.

Zur Bestimmung der aktuellen Werte von Symptominstanzen werden Untersuchungen durchgeführt. Diese müssen vom Wissensingenieur spezifiziert werden und bestehen in der Regel aus Fragen an den Benutzer. Eine Erweiterung auf die Abfrage von Sensoren ist vom Konzept her leicht möglich. Auf sie wurde in der aktuellen Version jedoch verzichtet, da entsprechende Hardwarevoraussetzungen nicht gegeben waren.

Beispiel:

QuestionTest forSymptom: #V21Y1 question: 'Bitte prüfen Sie den Schaltzustand des Ventils 21Y1'.

Zum Beantworten der Frage muß der Anwender einen Wert aus dem Typ des Symptoms eingegeben.

---

[1] Zum Unterschied zwischen Klassen und Instanzen in der objektorientierten Programmierung siehe Kapitel XII.

[2] Anmerkung: Die in den Beispielen dieses Abschnitts benutzte Syntax ist eine aus Gründen der Übersichtlichkeit verkürzte Form.

Die Menge aller Symptominstanzen beschreibt die aktuelle Situation. Dabei haben Symptominstanzen entweder einen Wert aus ihrem Wertebereich oder sind unbekannt.

Zur Beschreibung von Fehlern stellt das Basissystem eine Formelsprache zur Verfügung. In dieser formuliert der Wissensingenieur Bedingungen, die zur Diagnose des Fehlers dienen.

> Beispiel:
> Das Ventil 21Y1 ist defekt, falls die Formel *(and (= Relais 21R1 geschaltet) (= Ventil 21Y1 nicht-geschaltet))* erfüllt ist.

Formeln werden auf Grund der aktuellen Situation ausgewertet, wobei eine dreiwertige Logik benutzt wird. Atomare Formeln bestehen aus den üblichen Vergleichsoperationen zwischen Symptominstanzen und Konstanten. Für die Verknüpfung von Formeln wurden die Operatoren UND, ODER und NICHT implementiert.

Zusammenhänge zwischen Symptominstanzen werden mit Hilfe von Abkürzungsregeln[1] ausgedrückt.

> Beispiel:
> if (= Ventil V21Y1 offen) then V21Y2 geschlossen.

Diese Regeln repräsentieren funktionale Abhängigkeiten, d.h. falls ein Wert durch andere eindeutig und sicher bestimmt wird (z.B. wenn das Licht brennt, fließt Strom). Sie ermöglichen auch die Darstellung von heuristischem Wissen, d.h. dem üblichen Zusammenhang zwischen Symptomen (z.B. wenn der Schalter geschlossen ist und die Lampe nicht leuchtet, dann ist in der Regel die Glühbirne defekt (und nicht der Schalter)). Abkürzungsregeln können auch zur Datenabstraktion (z.B wenn die Spannung größer als 9 Volt ist, dann ist sie ausreichend vorhanden) und damit zur Repräsentation von unscharfem Wissen benutzt werden[2].

---

[1] Diese Regeln leiten Symptomwerte aus anderen ab. Die abgeleiteten Werte müssen nicht mehr durch Fragen an den Anwender bestimmt werden, d.h. die Interaktion mit dem Benutzer wird 'abgekürzt' (vergleiche auch "funktionale Tests" im FOMEX-System).

[2] vergleiche: Methode der groben Mengen

Die bisher beschriebenen Mechanismen dienen in erster Linie der Repräsentation klassifikatorischen Wissens. Wie bereits in Abschnitt VII.2 herausgestellt, umfaßt der Begriff 'Diagnose' auch noch die Testauswahl. Überspitzt gesagt, kann man behaupten, daß sich ein Experte von einem technisch geschulten Laien vor allen Dingen durch sein Strategiewissen unterscheidet. Er weiß, welche Untersuchung in einer Situation durchgeführt werden muß, um den größtmöglichen Informationsgewinn zu erhalten. Außer diesem gehen in die Überlegungen zur Testauswahl sicherlich auch noch andere Parameter ein, wie die Kosten und der Zeitaufwand für einen Test, der aktuelle Verdacht, etc.

Das Basissystem ermöglicht die explizite Repräsentation des Strategiewissens durch Regelmengen, die sogenannten Reihenfolgeregeln. Diese ordnen einer Situation das nächste zu testende Symptom zu.

> Beispiel:
>
> if (and (= Relais 21R1 geschaltet) (= Ventil V21Y1 offen)) then V21Y2 test).

Diese Regeln beschreiben nur den Diagnoseprozeß, d.h. Wege durch den Informationsgraphen (siehe Kap. I). Sie beeinflußen <u>nicht</u> die Klassifikationsfähigkeit des Systems, die nur durch die Fehlerbeschreibungen gegeben ist. Die explizite Trennung von Klassifikations- und Strategiewissen vereinfacht auch die Wissensakquisition, da unterschiedliche Quellen zugrunde gelegt werden können.

Die bisher beschriebenen Strukturen ermöglichen eine flache Repräsentation des Expertenwissens, wobei die Wissensbasis durch die Trennung zwischen Klassifikations- und Strategiewissen horizontal modularisiert wird. Für komplexere Wissensbasen ist diese Möglichkeit allerdings nicht ausreichend, da durch die Menge des zu repräsentierenden Wissens die Übersicht leicht verloren geht. Insbesondere versteht der Experte die Wissensbasis aufgrund der fehlenden Struktur nur in den seltensten Fällen und kann aus diesem Grund kaum beim Debugging behilflich sein.

Das MOLTKE-System stellt deshalb das Konzept des *Kontextes* zur Vefügung. Kontexte repräsentieren im Prinzip eine Zwischen- oder Enddiagnose zusammen mit dem dazugehörigen Strategiewissen. Die Module einer Wissensbasis spiegeln also Konzepte aus dem Anwendungsgebiet wider und erleichtern so dem Experten die Überprüfung des Systems.

Kontexte umfassen eine Vorbedingung, die beschreibt, wann die Diagnose gestellt werden kann. Desweiteren enthalten sie je eine Menge von Reihenfolge- und Abkürzungsregeln. Diese werden aktiviert wenn die Vorbedingung des Kontextes erfüllt ist und das System die entsprechende Zwischendiagnose stellt. In einem Kontext sind zusätzlich eine Abhilfemaßnahme und ein Strategieinterpreter zur Bestimmung des nächsten zu testenden Symptoms enthalten.

     Beispiel:

MoltkeContext subcontext: #OrientierterSpindelstopAus

precondition:	' (= FehlerCode Code I64) '
shortcuts:	' '
orderingRules:	'(if (true) then IoStatusIN34 test)
	(if (=IoStatus IoStatusIN34 logisch0) then Ventil27Y1 test)
	(if (= Ventil Ventil27Y1 Geschaltet) then IoStatusOUT32
	test)
	(if (= IoStatus IoStatusOUT32 logisch1) then
	IoStatusOUT7 test)'
correction:	'ZWISCHENDIAGNOSSE: Beim Anfahren des Punktes
	fuer den orientierten Spindelstop ist ein Fehler aufgetreten'

Die Menge aller Kontexte bildet einen gerichteten, azyklischen Graphen: die Kontextheterarchie. Die Knoten des Graphen sind Zwischen- und Enddiagnosen, die Kanten haben in erster Näherung die Semantik "ist-Verfeinerung-von".

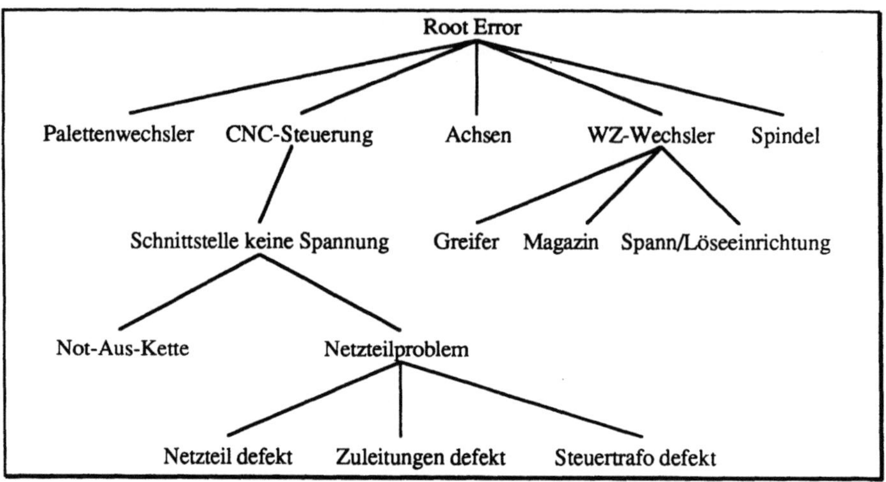

Abbildung VII.4: Ein Kontextgraph

Die bisher beschriebenen Konzepte zeigen eine statische Sicht auf eine Wissensbasis. Für ein lauffähiges System muß diese operationalisiert werden, d.h. es müssen Mechanismen vorhanden sein, die Wissen verarbeiten. Die Trennung zwischen Wissen und Inferenz ist eines der wichtigsten Unterscheidungskriterien zwischen Expertensystemen und herkömmlicher Datenverarbeitung.

Das Basissystem umfaßt mehrere Interpretationsmechanismen, die auf den beschriebenen Strukturen operieren. Der Default-Interpreter implementiert eine Establish-&-Refine-Strategie. Dazu bestimmt er zuerst den aktuellen Kontext, d.h. den augenblicklichen Verdacht. Der aktuelle Kontext hat eine erfüllte Vorbedingung und liegt möglichst tief im Graphen. Alle seine Vorgängerkontexte sind ebenfalls nachgewiesen. Falls er ein Blatt des Graphen ist, stellt das System eine Enddiagnose und beendet die Diagnosesitzung. Ansonsten startet der kontextlokale Strategieinterpreter, der das nächste zu bestimmende Symptom liefert. Dieses wird durch eine Untersuchung erhoben. Anschließend trägt der Interpreter den neuen Wert in die Situation ein und arbeitet die erfüllten Abkürzungsregeln ab. Dann wird wieder der aktuelle Kontext bestimmt.

VII.3 Architektur

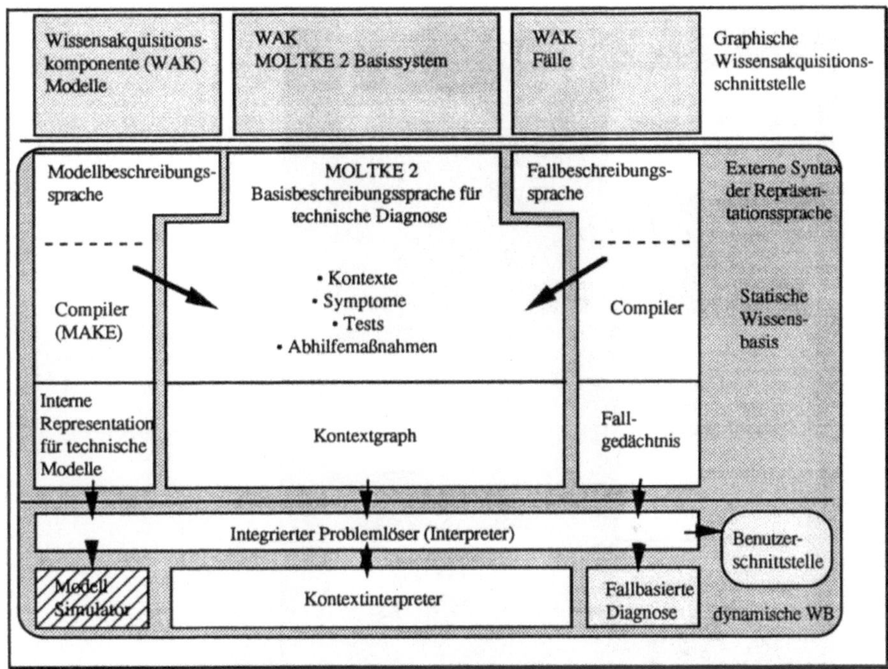

Abbildung VII.5: Das MOLTKE 2 System

Im folgenden erläutern wir die Architektur der MOLTKE 2 Basissystems näher. Dieses wurde anschließend um Komponenten zur modell- und fallbasierten Diagnostik, die in den Kapiteln IX und X näher beschrieben sind, erweitert. Aus diesem Grund beschränken wir unsere Ausführungen hier auf den mittleren Teil der Abbildung VII.5.

Die Architektur des Basissystems umfaßt eine statische und eine dynamische Wissensbasis. Die statische wird durch den Wissensingenieur über eine graphische Akquisitionsoberfläche gefüllt und enthält Repräsentationsmechanismen für Symptome und Kontexte. Die dynamische Wissensbasis verwaltet die Beschreibung der aktuellen Situation, den logischen Zustand aller Formeln und alle Konfliktmengen. Sie umfaßt auch den Interpretationsmechanismus zur Verarbeitung der statischen Wissensbasis.

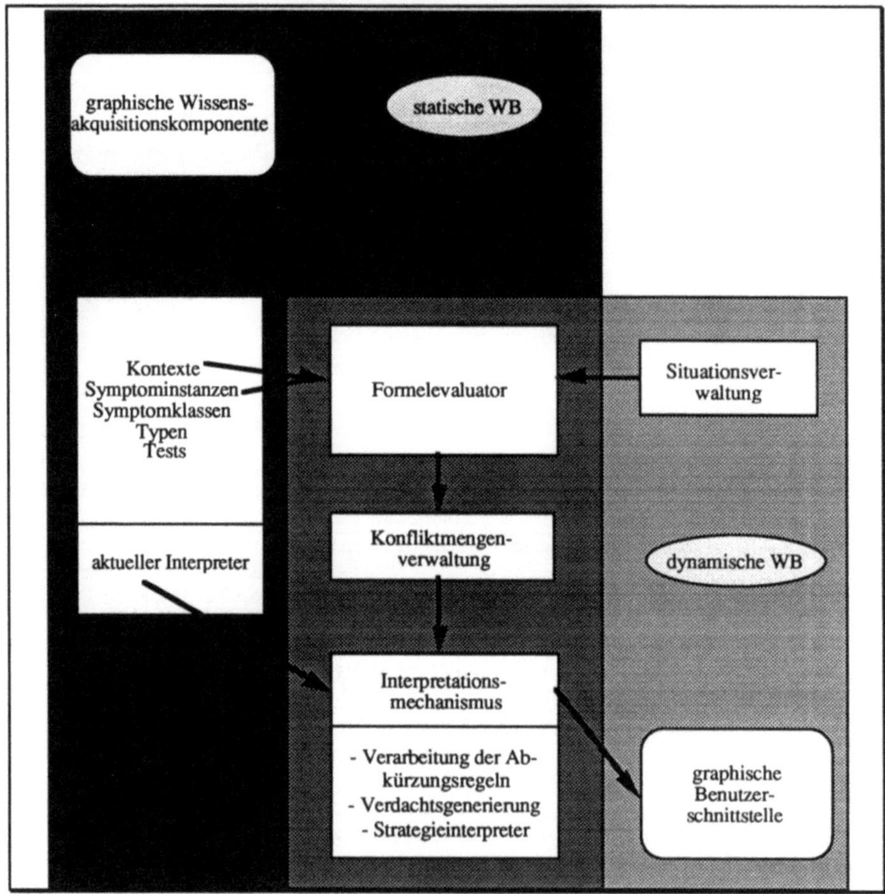

Abbildung VII.6: Die Architektur des Basissystems

VII.3.1 Verwaltung einer Wissensbasis

Eine Wissensbasis besteht im MOLTKE Basissystem aus drei Teilen:

- der statischen Wissensbasis,

- der dynamischen Wissensbasis,

- einem Interpretationsmechanismus.

Die statische Wissensbasis umfaßt das Expertenwissen (z.B. Fehler-beschreibungen), während die dynamische das Wissen über das aktuell zu bearbeitende Problem enthält (z.B. aktuelle Symptomwerte). Der Interpreter operationalisiert das (in der statischen Wissensbasis) gespeicherte Wissen, d.h. er benutzt das Wissen um das neue Problem zu lösen.

VII.3.2 Die statische Wissensbasis

Die statische Wissensbasis stellt die in Abschnitt VII.2.2. beschriebenen Grundkonzepte der Diagnostik zur Verfügung. Diese umfassen Typen, Symptomklassen und -instanzen, Tests und Kontexte. Die Beschreibung eines Kontextes umfaßt zusätzlich zu den oben bereits erwähnten Vorbedingungen und Regeln noch die Möglichkeit Abhilfemaßnahmen zu repräsentieren. Zusätzlich wird jedem Kontext ein Strategieinterpreter zugeordnet, der das nächste zu untersuchende Symptom auswählt. Durch diese Zuordnung eines Strategieinterpreters zu einem Kontext ist es leicht möglich, unterschiedliche Testauswahlverfahren zu implementieren und innerhalb einer Wissensbasis parallel zu benutzen[1].

---

[1] Wie bereits erwähnt, sind modell- und fallbasierte Verfahren implementiert. Ebenso wurde ein mit Beispielen trainiertes neuronales Netz in das Basissystem integriert, das ebenfalls die Auswahl des zu testenden Symptoms vornimmt. Die Integration zeigt eine

Beim Aufbau der statischen Wissensbasis werden die Eingaben des Wissensingenieurs auf Konsistenz geprüft.

VII.3.2.1 Wissensakquisitionsoberfläche

Zur Unterstützung der Eingabe und Wartung einer Wissensbasis stellt das
Basissystem einen interaktive Fensterschnittstelle, den MOLTKE-Browser, zur
Verfügung (siehe Abb. VII.7). Der Browser zeigt drei Knöpfe, drei Menüs,
ein Graphikfenster und ein Editorfenster. Er wird in erster Linie mit einer
Maus bedient.

Die Knöpfe (Start, Trace, Proceed) ermöglichen die Inferenzkomponente zu
starten, wonach die unten beschriebene Benutzerschnittstelle erscheint.

Die Menüs erlauben einen effizienten Zugriff auf Teile der Wissensbasis.
Diese ist nach den Basisobjekten der Diagnostik strukturiert, was sich in der
Akquisitionsoberfläche widerspiegelt. So muß der Wissensingenieur z. B. für
die Änderung einer Symptominstanz im linken Menüfeld die Kategorie
Symptom anwählen. Danach erscheint im mittleren Menü die Liste aller bisher
definierten Symptomklassen. Nach Anwahl der gewünschten Klasse zeigt das
rechte Feld eine Liste ihrer Instanzen. Nach der Anwahl einer Instanz zeigt das
Editorfenster die komplette Definition der Symptominstanz. Diese kann nun
vom Wissensingenieur mit einem komfortablen Editor verändert werden.

Zur Eingabe neuer Objekte geht der Wissensingenieur im Prinzip auf die
gleiche Art und Weise vor, nur läßt er sich im Editorfenster ein Muster für
das entsprechende Objekt anzeigen und füllt dieses dann an den entsprechenden
Stellen aus. Die Arbeit mit den Objektmustern ist vergleichbar mit dem Aus-
füllen eines Formulars; auch dort müssen nur die relevanten Teile geschrieben
werden.

An die einzelnen Fenster sind noch Hintergrundmenüs gekettet, die nach einem

---

Möglichkeit der Kopplung von symbolischer und subsymbolischer Wissensverarbeitung
auf.

Mausklick erscheinen. Die Hintergrundmenüs erlauben unter anderem

- das Suchen nach Objekten,

- das Löschen von Objekten,

- das Speichern der Wissensbasis in einem externen Format,

- das Umschalten der Ausgaben des Basissystems von Deutsch nach Englisch und umgekehrt.

Neben den textorientierten Fenstern enthält der MOLTKE-Browser ein Graphikfeld. Dieses zeigt die Struktur des Kontextgraphen. An diesem orientiert sich die Inferenzkomponente (s.u.). Durch die optische Darstellung ist die Struktur der Wissensbasis leicht erfaßbar, was Änderungen vereinfacht. Das Graphikfenster ermöglicht das Eintragen und Löschen von "Ist-Verfeinerung-von"-Kanten.

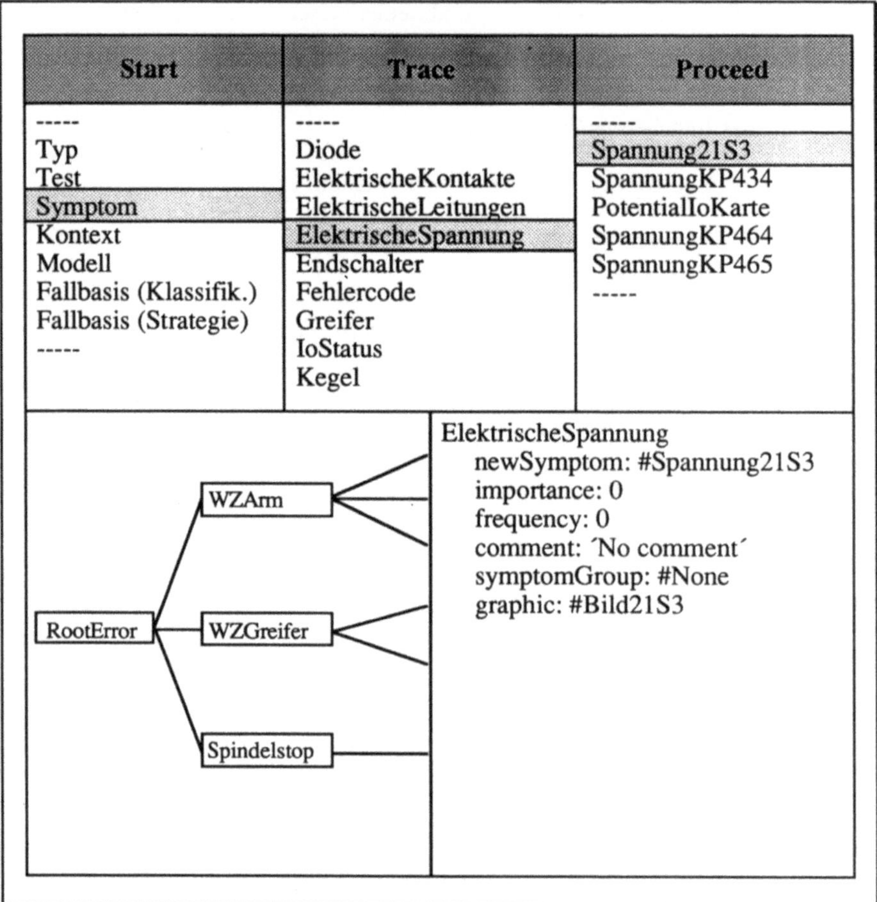

Abbildung VII.7: Der MOLTKE-Browser

VII.3.3 Die dynamische Wissensbasis

Während die statische Wissensbasis das domänenspezifische Wissen enthält, wird in der dynamischen Wissensbasis nur das zur Laufzeit des Expertensystems entstehende Wissen verwaltet. Letztere bildet die Grundlage des Interpretationsmechanismus.

VII.3.3.1   Die Situationsverwaltung

Während einer Diagnosesitzung werden von dem Expertensystem die aktuellen Werte einiger Symptominstanzen erfaßt. Die Menge aller momentan vorhandener Symptomwerte wird als die *aktuelle Situation* bezeichnet. Die Situationsverwaltung erlaubt, Symptomwerte zu setzen und zurückzunehmen.

VII.3.3.2 Der Formelevaluator und die Konfliktmengenverwaltung

Aufgabe des Formelevaluators ist, die Konsistenz der logischen Werte aller Formeln (Vorbedingungen von Regeln und Kontexten) bzgl. der aktuellen Situation herzustellen und aufrecht zu erhalten. Dieser Prozeß wird durch die Änderung eines Symptomwertes angestoßen, d.h. sobald die Situationsverwaltung eine Änderung eines Symptomwertes vornimmt, propagiert sie diese weiter zu dem Formelevaluator. Dieser paßt dann den Zustand aller Formeln der neuen Situation an, wobei eine dreiwertige Logik mit {true, unknown, false} zugrunde liegt.

Falls eine Kontext- bzw. Regelvorbedingung erfüllt ist, so wird diese(r) in die entsprechende Konfliktmenge aufgenommen. Es gibt eine (globale) Konfliktmenge für erfüllte Abkürzungsregeln, eine für Kontexte mit wahrer Vorbedingung und Mengen für die Speicherung der erfüllten Reihenfolgeregeln der einzelnen Kontexte.

VII.3.3.3 Der Interpretationsmechanismus

Die Aufgabe des Interpreters ist die Steuerung der Inferenz. Dabei müssen die folgenden Aufgaben erfüllt werden:

1. Verarbeitung von Abkürzungsregeln

2. Verdachtsgenerierung

3. Testauswahl.

Zur Lösung eines neuen Problems greift der Interpreter einer Wissensbasis auf die statische Datenbasis und die Konfliktmengen zurück. Der Default-Interpreter arbeitet nach dem Algorithmus aus Abbildung VII.8.

Die einzelnen Teilaufgaben werden an Submodule delegiert: ein Modul verarbeitet die Abkürzungsregeln, ein weiteres generiert den aktuellen Verdacht, ein drittes ist (kontextlokal) für die Auswahl des nächsten zu bestimmenden Symptoms zuständig.

<table>
<tr><td>1.</td><td colspan="2">Initialisiere die Situationsverwaltung</td></tr>
<tr><td>2.</td><td colspan="2">Verarbeite alle feuerbereiten Abkürzungsregeln und
Aktualisiere(Situation)</td></tr>
<tr><td>3.</td><td colspan="2">Bestimme den aktuellen Kontext</td></tr>
<tr><td>4.</td><td colspan="2">Wenn dieser ein Blatt des Graphen ist</td></tr>
<tr><td>4.1.</td><td colspan="2">dann stelle die Enddiagnose und terminiere</td></tr>
<tr><td>4.2.</td><td colspan="2">sonst gehe zu 5.</td></tr>
<tr><td>5.</td><td colspan="2">Starte den Strategieinterpreter des aktuellen Kontextes</td></tr>
<tr><td>5.1</td><td colspan="2">Kommentar: Dieser liefert als Ergebnis das zu testende Symptom</td></tr>
<tr><td>6.</td><td colspan="2">Bestimme das Symptom</td></tr>
<tr><td>7.</td><td colspan="2">Update(Situation)</td></tr>
<tr><td>8.</td><td colspan="2">Gehe zu 2.</td></tr>
<tr><td colspan="3">Das Unterprogramm Aktualisiere(Situation) besteht aus den folgenden Teilen:</td></tr>
<tr><td>1.</td><td colspan="2">Aktualisierung auf die Situationsverwaltung</td></tr>
<tr><td>2.</td><td colspan="2">Update aller Vorbedingungen der Regeln und Kontexte</td></tr>
<tr><td>3.</td><td colspan="2">Update aller Konfliktmengen</td></tr>
</table>

Abbildung VII.8: Der Algorithmus des Wissensbasisinterpreters

VII.3.3.4 Rücknahme von Symptomwerten

Um die Akzeptanz des Benutzers für das fertige Expertensystem zu erhöhen, sollte dieser die Möglichkeit haben, jederzeit andere als die vom System gewünschten Symptomwerte einzugeben. Dies impliziert auch die Möglichkeit, Symptome zurückzunehmen, wobei ein nicht-monotones Systemverhalten entstehen kann.

VII.3.3.5 Die Benutzerschnittstelle

Die Kommunikation des Benutzers mit dem System wird über ein Schnittstellenmodul abgewickelt. Dieses stellt eine menüorientierte Oberfläche mit drei Fenstern zur Verfügung. Ein Fenster dient der Ausgabe von Informationen: In ihm erscheinen die Fragetexte und Abhilfemaßnahmen. Im zweiten Fenster zeigt das System die Menüs und erlaubt so dem Benutzer die Beantwortung der Fragen. Diesem Fenster ist auch ein Hintergrundmenü zugeordnet, mit dem das Belegen bzw. die Rücknahme beliebiger Symptome ausgelöst werden kann.

Das letzte Fenster zeigt interaktive Graphiken an. Diese bieten zwei Möglichkeiten: Zum einen kann das Expertensystem zu jeder Frage nach einem Symptom eine Graphik der entsprechenden Maschinenkomponente ausgeben und somit dem unerfahrenen Benutzer zeigen, wo er die gewünschte Messung (bzw. Überprüfung) vornehmen muß. Zum anderen sind Teile der angezeigten Graphiken maussensitiv. Nach dem Selektieren einer sensitiven Region wird dann die zugeordnete Methode ausgeführt (in der aktuellen Implementierung fragt das System in der Regel nach dem Wert des selektierten Symptoms).

VII.4 Implementierung

Die Aufgabe dieses Abschnittes ist nicht die vollständige und detaillierte Beschreibung der Implementierung. Vielmehr soll ein grober Überblick über den vorhandenen Programmcode gegeben und einige wichtige Teile näher erläutert werden. Zum Verständnis der Beschreibung sind Grundkenntnisse in Smalltalk-80 erforderlich.

VII.4.1 Typen und Symptome

Die Klasse *EnumerationType* stellt die Funktionalität eines Aufzählungstypes zur Verfügung. Das Protokoll der Klasse umfaßt Methoden für die Definition einer Subklasse und für die Änderung bereits definierter Typen.

Die Beschreibung von domänenspezifischen Symptomen wird von der Klasse *Symptom* vorgenommen. Diese umfasst ein Protokoll für die Definition von Symptomklassen, das die Zuordnung eines Typs zu der Klasse erzwingt. Zusätzlich stehen Methoden für die Instanziierung und das Setzen eines aktuellen Symptomwertes zur Verfügung.

VII.4.2 Formelsprache

Die Formelsprache wurde durch eine Hierarchie von Smalltalk-Klassen implementiert. Die Klasse *Formula* stellt eine Instanzenvariable zur Speicherung des aktuellen logischen Wertes einer Formel zur Verfügung. Ihre Subklasse *OperatorFormula* speichert zusätzlich noch den Namen einer Symptominstanz. Die Instanzen der Subklassen von OperatorFormula repräsentieren atomare Formeln. Jede Subklasse implementiert einen speziellen Operator[1] und stellt eine Methode zur Bestimmung des logischen Wertes zur Verfügung.

Eine weitere Subklasse von Formula repräsentiert zusammengesetzte Formeln: die Klasse *SetFormula*. Diese stellt Methoden zur Verwaltung der Teilformeln zur Verfügung. Ihre Subklassen *AndFormula* und *OrFormula* unterscheiden sich nur in der Methode zur Bestimmung des logischen Wertes einer Formel.

Als letzte Subklasse von Formula ist noch die Klasse *NotFormula* zu erwäh-

---

[1]		Die Klassen für atomare Formeln sind *IsKnownFormula, IsUnknownFornmula, GreaterFormula, GraeterEqualFormula, EqualFormula, SmallerFormula, SnallerEqualFormula* und *NotEqualFormula*.

nen. Diese berechnet ihren logischen Status durch Invertierung des logischen Wertes der benutzten Teilformel.

Wie bereits erwähnt, wird eine dreiwertige Logik benutzt. Die Werte der zusammengesetzten Formeln berechnen sich nach der folgenden Tabelle:

A	B	not B	A and B	A or B
false	false	true	false	false
false	unknown	unknown	false	unknown
false	true	false	false	true
unknown	false		false	unknown
unknown	unknown		unknown	unknown
unknown	true		unknown	true
true	false		false	true
true	unknown		unknown	true
true	true		true	true

Abbildung VII.9: Die logischen Verknüpfungen

VII.4.3   Die Situationsverwaltung und der Formelevaluator

Das Laufzeitverhalten des Basissystems ist in erster Linie von der Auswertung der Formelsprache abhängig. Dafür wird nun ein effizientes Verfahren beschrieben, das auf dem Rete-Algorithmus von OPS 5 basiert.

Formeln sollen zu jedem Zeitpunkt den zur augenblicklichen Situation konsistenten logischen Wert haben. Dieser ist wiederum nur von der aktuellen Zuordnung der Symptomvariablen zu den Symptomausprägungen abhängig. Es bietet sich deshalb an, die Aktualisierung der logischen Werte der Formeln bei der Veränderung einer Symptomvariablen zu starten. Deshalb wird jedesmal, wenn sich die Ausprägung eines Symptoms ändert, ein Mechanismus angestoßen, der die logischen Werte der Formeln der neuen Situation anpaßt.

Ein Algorithmus für die Durchführung dieser Aufgabe erhält als Eingabe die alte Situation, den neuen Symptomwert und die Menge aller dem System bekannten Formeln. Er liefert als Ausgabe die Menge aller Formeln mit den zu der neuen Situation konsistenten logischen Werten.

Ein einfacher Algorithmus zur Durchführung der oben beschriebenen Aufgabe arbeitet wie folgt:

Algorithmus 1:

Für alle Formeln F führe durch:

Berechne den neuen logischen Wert der Formel F

Dieser Algorithmus berechnet für alle Formeln den logischen Wert neu. In der Regel wird aber die Änderung eines Symptomwertes nur sehr wenige Formeln, nämlich die, in denen die entsprechende Symptomvariable vorkommt, betreffen. Der Algorithmus 1 löst also die gestellte Aufgabe nur sehr ineffizient. Zur Steigerung der Effizienz der Evaluation der Formeln wurde ein Algorithmus implementiert, der dem in [Forgy 82] beschriebenen Rete-Algorithmus ähnlich ist.

Die Grundideen des Algorithmus sind:

1)   Identische Formeln werden nur einmal ausgewertet.

2)   Nach der Änderung eines Symptomwertes werden nur die logischen Werte der Formeln angepaßt, die von der entsprechenden Symptomvariable abhängig sind.

Die erste Idee wird durch die Instanziierungsmethoden der Formeln realisiert. Diese prüfen, ob eine gleiche[1] Formel bereits existiert, bevor sie eine neue Instanz erzeugen. Die zweite Idee wird mit Hilfe eines Formelnetzwerkes (siehe Beispiel), das die Abhängigkeiten zwischen Symptomen und Formeln repräsentiert, und einer Wertpropagierung realisiert.

Beispiel:

Gegeben sind die atomaren Formeln F_1, F_2, F_3 und die Formeln (and F_1 F_2), (or F_2 F_3). Die Formeln F_1, F_2 seien von dem Symptom S_1 abhängig, wohingegen die Formel F_3 von dem Symptom S_2 beeinflußt wird. Daraus entsteht das in Abb. VII.10 dargestellte Netzwerk. Falls nun das Symptom S_2 gesetzt wird, müssen nur die logischen Werte der Formeln F_3 und (or F2 F3) neu bestimmt werden und nicht die aller 5 vorhandenen.

---

[1]   Gleich heißt im Falle von atomaren Formeln, daß der Vergleichsoperator und die Werte übereinstimmen. Im Falle von zusammengesetzten Formeln wird geprüft, ob die logische Verknüpfung gleich ist und alle Teilformeln gleich sind.

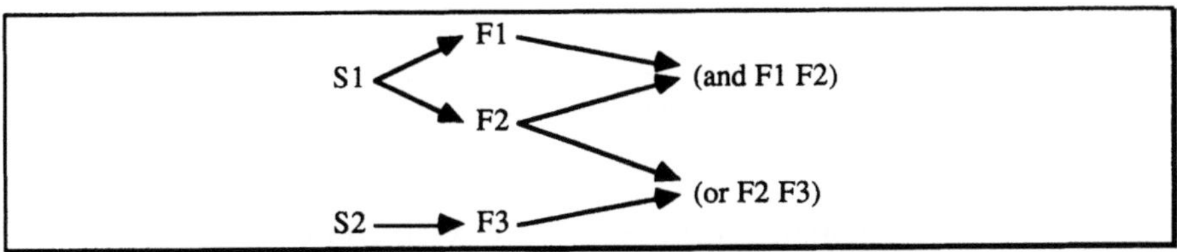

Abbildung VII.10: Ein Formelnetzwerk

Instanzen der Klasse *FormulaNetwork* verwalten das Formelnetzwerk und die aktuelle Situation. Die Instanzenvariable *situation* speichert alle innerhalb einer Wissensbasis definierte Symptominstanzen. Die Instanzenvariable *network-Input* enthält ein *Dictionary*, das jeder Symptominstanz die Menge aller darauf referenzierenden atomaren Formeln zuordnet. Jede Formel enthält wiederum eine Variable *dependentFormulas*, die Zeiger auf alle abhängigen Objekte speichert. Das Protokoll der Klasse FormulaNetwork umfaßt Methoden zum Einfügen und Löschen weiterer Symptominstanzen und Formeln[1].

Wird nun ein Symptomwert neu gesetzt, so werden die logischen Zustände aller in networkInput gespeicherten Formeln auf den aktuellen Stand gebracht. Sobald sich der logische Wert einer Formel ändert, wird der neue an alle abhängigen Objekte weiter propagiert. Diese führen dann wiederum ein Updating durch und setzen die Propagierung, falls nötig, fort. Abhängige Objekte können andere Formeln, Regeln und Kontexte sein.

VII.4.4 Regeln und Konfliktmengenverwaltung

Sobald eine Regel von ihrer Vorbedingung benachrichtigt wird (s.o. Wertepropagierung), daß sie feuern kann, trägt sie sich selbst in eine entsprechende Konfliktmenge ein. Abkürzungsregeln tragen sich in einer globalen Agenda in der Wissensbasis ein, wohingegen die Konfliktmengen von Reihenfolgeregeln

---

[1]   Beim Einfügen einer Formel wird geprüft, ob eine identische bereits im Netz vorhanden ist. Falls ja, wird diese zurück gegeben, ansonsten die neu eingefügte.

kontextlokal verwaltet werden. Bei der Definition der Regeln wird in ihnen ein Zeiger auf das referenzierte Objekt gespeichert. Falls die Vorbedingung einer Regel von true nach false wechselt, so wird sie aus der entsprechenden Agenda gelöscht.

Sobald die Propagierung einen Kontext erreicht, prüft dieser, ob seine Vorbedingung erfüllt ist. Falls ja, wird er in die Agenda aller erfüllten Kontexte aufgenommen.

VII.4.5 Kontexte

In der Implementierung wird ein Unterschied zwischen Kontextklassen und -instanzen gemacht. Eine Klasse ist eine allgemeine Beschreibung für eine Menge von Fehlern (z.B. Fehler in Ventilen), wohingegen Instanzen konkrete Fehler repräsentieren (z.B Fehler im Ventil 21Y1). Der Unterschied zwischen Instanzen und Klassen läßt sich einfach beschreiben: In den Formeln und Regeln einer Instanz wird über konkrete Meßgrößen geredet (d.h. Symptominstanzen), während in Klassenbeschreibungen auch noch Variablen vorkommen können.

Aus den Kontextinstanzen wird ein gerichteter, azyklischer Graph aufgebaut. Dazu verwaltet jede Instanz zwei Listen: eine speichert die Liste aller Vorgänger, die andere die Menge aller Nachfolger. Semantisch sind die Vorgänger einer Kontextinstanz gröbere Diagnosen, während die Nachfolger hingegen den Verfeinerungen entsprechen.

VII.4.6 Die Wissensbasis

Instanzen der Klasse *KnowledgeBase* verwalten eine Wissensbasis. Die Instanzenvariablen *types*, *tests*, *symptomClasses*, *contextClasses* und *contextInstances* enthalten Listen mit den jeweiligen Objekten. Die Variable *contextGraph* speichert die Wurzel des Kontextgraphen. Im *interface* ist eine

Instanz der Benutzerschnittstelle enthalten. Der Wissensbasisinterpreter findet sich in der Variable *globalInterpreter*.

Alle Manipulationen statischer Wissensbasen werden über Instanzen von KnowledgeBase abgewickelt. Dabei werden erste Konsistenztests vorgenommen. Aus diesem Grund stehen für KnowledgeBase Methoden zum Einfügen, Ändern und Löschen der Diagnosegrundobjekte zur Verfügung.

Da jede Wissensbasis einen eigenen Interpreter und ein eigenes Interface enthält, können diese auch leicht ersetzt werden. Dazu müssen Klassen implementiert werden, die das jeweilig benötigte Protokoll zur Verfügung stellen und deren Instanzen in die entsprechenden Instanzenvariablen der Wissenbasis eingefügt werden.

Für die Verwaltung des Formelnetzwerks und der aktuellen Situation wurde in den Slot *formulaNetwork* der Wissensbasis eine Instanz von FormulaNetwork gespeichert. An diesen Slot werden alle Nachrichten weitergeleitet, die Symptomwerte setzen oder zurücknehmen.

VII.4.7 Die Interpreter

Für die Interpretation der Wissensbasis stehen vier Interpreterklassen zur Verfügung, die alle die Methoden *start:, trace:* und *proceed:* implementieren. Eine Instanz der Klasse *KnowledgeBaseInterpreter* steuert die gesamte Inferenz und stellt somit den oben beschriebenen Algorithmus zur Verfügung. Dabei werden Teilaufgaben von Instanzen der anderen Interpreterklassen durchgeführt.

Die Methoden der Klasse *ShortcutInterpreter* verarbeiten die feuerbereiten Abkürzungsregeln[1], die Klasse *ContextGraphInterpreter* bestimmt den aktuellen Verdacht des Systems (d.h. einen Kontext), wohingegen Instanzen der Klasse *ContextInterpreter* die Verarbeitung der Reihenfolgeregeln steuern.

---

[1]   Alternativ wurde eine Klasse *UncertaintyShortcutInterpreter* implementiert, die unsichere Abkürzungsregeln verarbeitet.

VIII   Vergleich der Basisansätze

Abschließend wollen wir die Basisansätze vergleichend bewerten und auf diese Weise die Erweiterungen motivieren. Die Grundlage dazu bilden die in §III aufgeführten Anforderungen. Eine abschließende Tabelle stellt die vier Systeme MOLTKE 1, PEX, FOMEX und MOLTKE 2 auf Grund der funktionalen Anforderungen gegenüber. Man mag aus dieser Bewertung sowohl eine gewisse Genesis in der Entwicklung des MOLTKE-Systems erkennen wie auch bei eigenen Systemen Möglichkeiten ableiten, zwischen alternativen Schwerpunkten zu wählen. Es spiegelt sich hier auch die Problematik wider, konkurrierende Anforderungen zu befriedigen.

Die Bewertungen sind dabei nicht als Zensuren für die konkret vorliegenden Implementierungen gedacht, sondern sollen eher die Erfahrung ausdrücken, inwieweit sich die entsprechende Anforderung in dem jeweiligen Ansatz realisieren läßt. Bei den Bewertungen ist weiter zu beachten, daß nicht nur das Vorhandensein und die Güte einer Komponente und Repräsentationsmöglichkeit eine Rolle spielt, sondern auch sehr wesentlich die Möglichkeit ihres nachträglichen Einbaus oder einer entsprechenden Erweiterung. Bei der Diskusssion möglicher Ergänzungen ist zu beachten, ob eine solche

- mehr zufällig fehlt;

- doch eine gewisse Mühe bereiten würde;

- in den Ansatz überhaupt nicht hereinpassen würde;

- grundsätzlich in jedem Ansatz Aufwand und Schwierigkeiten bereiten würde.

MOLTKE 1 war unsere erste Implementierung eines Diagnoseexpertensystem. Die dort entwickelten Repräsentationsmechanismen bildeten aber die Sprache der Anwendungsexperten nicht ausreichend gut nach. Aus diesem Grund wurden noch alternative Ansätze entwickelt, die schließlich in die Erstellung des MOLTKE 2 Basissystems mündeten.

Zu PEX ist generell zu sagen, daß das im Verlauf der Diagnose erlangte Wissen ist nicht explizit repräsentiert, sondern implizit durch den Weg im Baum gegeben. Die Knotenzahl des Baumes wächst dabei exponentiell mit der Anzahl der Symptome. Durch die implizite Repräsentation wird das Ändern von Symptomwerten erschwert. Änderungen an Bauteilen erfordern eine komplette Überarbeitung des entsprechenden Teilbaums.

Die prozedurale Implementierung ist im Falle sicheren Wissens und sicherer Beobachtungen effizient, da das Wissen nicht interpretiert werden muß. Vielmehr liegt es direkt in der Implementierungssprache vor, die dann imperativer Natur ist. Die Effizienz zur Laufzeit ist der wichtigste Vorteil des prozeduralen Ansatzes gegenüber den deklarativen Vorgehensweisen, aber im wesentlichen auch der einzige.

Eine wichtige Folge des prozeduralen Ansatzes ist, daß sich manche Elemente, die sonst nur schwer ergänzt werden können, jetzt überhaupt nicht mehr einbringen lassen. Dazu gehören vor allem Dialog- und Erklärungskomponenten, Lernmöglichkeiten und die Darstellung von zusätzlichen Aspekten wie Zeit und Unsicherheit. Der Grund hierfür ist leicht einsichtig: Das hierfür benötigte Wissen kann nur implizit dargestellt werden, man müßte also die gesamte Struktur der Algorithmen stets neu einer Änderung unterziehen.

Zusammenfassend ist zum FOMEX-System zu sagen, daß, es die Lücke zwischen der Sprache des Experten und der Implementierungssprache verkleinert, indem die Basisobjekte der Sprachebene des Experten angepaßt werden. Ein Problem war allerdings die unzureichenden Darstellungsmöglichkeiten für Testauswahlstrategien. Diese wurde nur recht implizit in numerischen Werten kodiert, so daß die Reihenfolge der Symptomerhebung vom Anwendungsexperten nur schlecht nachvollzogen werden konnte.

Das MOLTKE 2 Basissystem stellt die vorläufig endgültige Version unserer Shell für Expertsysteme zur Diagnose technischer Systeme dar, wobei die Betonung auf *Basissystem* liegt. Sie stellt eine der Anwendung adäquate Repräsentationssprache zur Verfügung, erlaubt die Trennung von Klassifikations- und Strategiewissen und bietet erweiterte Editiermöglichkeiten. Trotzdem sind durch das Basissystem längst nicht alle Probleme von Diagnosesystemen behoben. Insbesondere gibt es noch Probleme bei der

Akquisition des Wissens und bei der Repräsentation des technischen Sachverstandes eines Experten.

Insgesamt sind die vorliegenden Defizite gerade der Anlass gewesen, die Basisansätze zu erweitern, was in den folgenden Abschnitten beschrieben wird. Es folgen abschließend Tabellen für den zusammenfassenden Vergleich der vier Systeme.

Funktionale Anforderung	MOLTKE 1	PEX	FOMEX	MOLTKE 2
Transparenz der Wissensbasis	Explizite Repräsentation v. Kontroll- u. Anwenderwissen durch Kontexte u. Regeln +	Implizite Repräsentation durch Prozeduren -	Explizite Repräsentation v. Kontroll- u. Anwender wissen d. Kontexte +	Explizite Repräsentation der verschiedenen Wissensarten ++
W;rtbarkeit der Wissensbasis	Frame- und Regelbrowser +	fehlt, schwer hinzuzufügen	Smalltalkumgebung O	parallele Verwaltung mehrerer Wissensbasen ++
Verallgemeiner-barkeit	Wissensbasis austauschbar +	Inferenz und Wissen nicht getrennt, -	Wissensbasis austauschbar, +	Wissensbasis austauschbar ++
Effiziente Problemlösung	Vor- und Rückwärtsregeln, Regelgruppierung O	Prozeduren ++	Formelevaluator, Fehlerhierarchie +	Formelevaluator. Fehlerhierarchie +
Zusammenfassen von Symptomen	Gruppenbildung durch Verwendung von Listen +	fehlt, schwer hinzuzufügen	komplexe Tests +	fehlt, leicht zu ergänzen
Behandlung von unvollständigem und unsicherem Wissen	fehlt, mittelschwer hinzuzufügen	fehlt, nicht zu ergänzen	fehlt, mittelschwer hinzuzufügen	Regeln und Symptome können unsicher sein +
Mehrfachdiagnosen	fehlt, schwer hinzuzufügen	fehlt, schwer hinzuzufügen	fehlt, schwer hinzuzufügen	fehlt, schwer hinzuzufügen
Differentialdiagnostik	fehlt, schwer hinzuzufügen	fehlt, schwer hinzuzufügen	Abwägen mehrerer Hypothesen O	nicht vorhanden, leicht zu ergänzen
Vorschlag von Abhilfemaßnahmen	schwach ausgeprägt, leicht zu erweitern	schwach ausgeprägt, leicht zu erweitern	schwach ausgeprägt, leicht zu erweitern	schwach ausgeprägt, leicht zu erweitern
Explizite Darstellung von Zeitverläufen	fehlt, schwer hinzuzufügen	fehlt, schwer hinzuzufügen	fehlt, schwer hinzuzufügen	fehlt, schwer hinzuzufügen
Auswertung von Folgesitzungen	fehlt, mittelschwer hinzuzufügen	fehlt, schwer hinzuzufügen	fehlt, mittelschwer zu ergänzen	fehlt, mittelschwer hinzuzufügen

Legende: ++ sehr gut,   + gut,   O mittel,   - relativ schlecht

Funktionale Anforderung	MOLTKE 1	PEX	FOMEX	MOLTKE 2
Plausibilitätsprüfung der Eingabe	Jedem Symptom ist ein Wertebereich zugeordnet ++	Jedem Symptom ist ein Wertebereich zugeordnet ++	Jedem Symptom ist ein Wertebereich zugeordnet ++	Jedem Symptom ist ein Wertebereich zugeordnet ++
Rücknahmemöglich-keit der Eingabe	fehlt, schwer hinzuzufügen	fehlt, schwer hinzuzufügen	Recoverymechanismus ++	Recoverymechanismus ++
Leichte Bedienbarkeit durch den Anwender	Menüsteuerung, Fenster, +	Menüsteuerung +	Menüsteuerung	Menüsteuerung, Ein-, Ausgabe- u. Trace-fenster, Maussensitive Graphik, ++
Verwendung von Standardvokabular	+	++	++	++
Einbringen von Benutzerhypothesen	fehlt, schwer hinzuzufügen	fehlt, schwer hinzuzufügen	externe Ablauf-steuerung möglich +	fehlt, leicht hinzuzufügen
Erklärungs-komponente	fehlt, schwer hinzuzufügen	fehlt, schwer hinzuzufügen	fehlt, schwer hinzuzufügen	fehlt, schwer hinzuzufügen
Unterstützung der Wissensakquisition	spezielle Stepper, Tra-cer, Browser u. Small-talkumgeb. +	Smalltalkumgebung	erweiterte Smalltalk-umgebung	graphischer Wissensbasisbrowser ++
Lernmöglichkeiten	fehlt, schwer hinzuzufügen	fehlt, schwer hinzuzufügen	fehlt, schwer hinzuzufügen	fehlt, schwer hinzuzufügen
Modularisierte Wis-sensbasis	Kontexthierarchie; explizite regelbasierte Ablaufkontrolle +	Aufspaltung in Methoden, -	Strategie- und Klassifikationswissen getrennt +	horizontale und vertikale Modularisierung ++
Behandlung von Inkonsistenzen	fehlt, mittelschwer hinzuzufügen	fehlt, schwer hinzuzufügen	Unterscheidung K+ und K-, 0	fehlt, mittelschwer hinzuzufügen

Legende: ++ sehr gut,   + gut,   O mittel,   - relativ schlecht

IX Modellbasierte Diagnose

IX.1 Das Modell

Die modellbasierte Diagnose ist gegenwärtig Gegenstand ausgedehnter Untersuchungen. Wir wollen hier nicht grundsätzlich in dieses Gebiet einführen, sondern exemplarisch am Beispiel von MOLTKE die Vorgehensweise erläutern. Der Leser mag daraus einen Eindruck gewinnen, wie man überhaupt Modellbeschreibungen deklarativ repräsentieren kann. Dabei lehnen wir uns an die Smalltalksyntax an (vgl. Kap. XII), die aber auch ohne genaue Kenntnis der Sprache im wesentlichen selbstklärend ist.

Wir benutzen in MOLTKE ein komponentenorientiertes, hierarchisches Modell einer Maschine mit qualitativer, statischer Verhaltensbeschreibung, dessen Grundbegriffe in Kap. I eingeführt wurden. Was wir dabei als primitive (also nicht weiter verfeinerbare) Komponente betrachten, hängt von folgenden verschiedenen Aspekten ab:

-   Reparaturmethoden

    Es lohnt nicht, Bauteile, die im Fehlerfall ohnehin komplett ausgetauscht werden, weiter in Unterbauteile aufzuspalten.

-   Granularität der Geräteunterlagen

    Das Modell kann in der Regel nur so detailliert sein, wie es die zugrunde liegenden Diagramme und Funktionspläne sind.

-   Modellierbarkeit

Bei Baugruppen mit sehr komplexem Verhalten fällt es bisweilen schwer, dieses Verhalten auf Verhalten und Verbindungen der Unterbauteile zurückzuführen, insbesondere wenn eine dynamische Interaktion zwischen den Bauteilen besteht, die statisch nicht oder nur schwer zu beschreiben ist. In solchen Fällen wird das Verhalten auf einer höheren Ebene statisch beschrieben und die so beschriebene Baugruppe als primitive Komponente definiert, in der die komplexen Zusammenhänge eingekapselt sind.

Da Komponenten des gleichen Typs mehrfach in einem Gerät vorkommen können, liegt es nahe, die für alle gleichen Informationen auch nur einmal je Typ zu speichern; wir benutzen dazu das Klassen-Instanzen-Konzept von Smalltalk und legen fest, daß je Komponententyp eine Komponentenklasse definiert wird, deren Instanzen die konkret in der Maschine vorkommenden Bauteile dieses Typs sind. Eine Komponentenklasse speichert dann die folgenden Informationen:

-   Name des Komponententyps

-   Ports mit Richtung und Typ, optional auch mit Kosten für die Messung des Ports

-   Zustände

-   Verhaltensbeschreibung (alternativ in Tabellen- oder Regelform)

-   Unterbauteile und deren Verbindungen (nur für komplexe Komponenten)

-   Typische Fehlverhalten mit Namen (falls verfügbar)

-   A-Priori Ausfallwahrscheinlichkeit der Komponente (falls verfügbar)

Komponenteninstanzen haben auch Informationen über ihren Namen, ihren Ort, die mit ihnen über ihre Ports verbundenen Nachbarn, die Namen ihrer Unterbauteile (falls vorhanden) und ihre Position im Aufbaudiagramm. Schon bei der Eingabe einer Komponentenklasse wird auf Vollständigkeit und Konsistenz getestet; gleiches gilt für Komponenteninstanzen. Betrachten wir zwei Beispiele einer primitiven Komponente:

```
PrimitiveComponent define: #Relay
ports: #((currentIn dc in medium) (currentOut dc in medium)
        (lever mechanical out low))
states: nil
behavior: #(
                ((currentIn = +) (currentOut = -) -> (lever = shifted))
                ((currentIn ≠ +) -> (lever = unshifted))
                ((currentOut ≠ -) -> (lever = unshifted)))
failures: #((stuck (lever = shifted))
                (magnetDefective (lever = unshifted)))
failProbability: #high.



PrimitiveComponent define: #Switch+
ports: #((currentIn cd in medium) (currentOut dc out medium)
        (lever mechanical in low))
states: nil
behavior: #(((lever = unshifted) -> (currentOut = 0))
                ((lever = shifted) (currentIn = X) -> (currentOut = X)))
failures: #((noContact (currentOut = 0)))
failProbability: #medium.
```

Abbildung IX.1- Eine primitive Komponente

Konkrete Instanzen dieser Klassen sind das Relais `s27K1` und der Schalter
`s27K1a`:

```
Relay new: #s27K1
location: 'toolChanger'
connections: #((currentIn currentOut m326)
              (currentOut currentIn p1)
              (lever lever s27K1a)
              (lever lever s27K1b)
              (lever lever s27K1c))
position: 275.




Switch+ new: #s27K1a
location: 'toolChanger'
connections: #((currentIn currentOut p2)
              (currentOut currentIn1 n514)
              (lever lever s27K1))
position: 214.
```

Abbildung IX.2 - Eine Komponenteninstanz

Inhaltlich lesen sich diese Beschreibungen so: Ein Relais hat keine Teile mehr,
aber drei Ports: Zwei Eingänge für die Kontrollspannung (mit mittleren
Meßkosten) und einen Ausgang für den mechanischen Schalter (mit niedrigen
Meßkosten). Der Schalthebel (`lever`) bewegt sich nur, wenn das Relais mit
Strom versorgt ist. Typische Fehler sind Festsitzen des Hebels (`stuck`), d.h.
der Hebel ist auch dann im Zustand `shifted`, wenn keine Spannung anliegt,
sowie ein Defekt des Magneten, so daß der Hebel sich auch dann nicht bewegt,
wenn Spannung vorhanden ist. Die a priori Ausfallwahrscheinlichkeit ist hoch,
d.h. Relais versagen häufiger. Eine Instanz von `Relay` modelliert nur den
aktiven Teil und kann mehrere Instanzen von `Switch` ansteuern, die mit ihm
durch den Port `lever` verbunden sind. Das in der Maschine real vorhandene
Relais `s27K1` ist Teil des Werkzeugwechslers, erhält seine Spannungs-

versorgung von Meßpunkt[1] m326 und Spannungsquelle p1, steuert die Schalter s27K1a-c und befindet sich auf Diagrammposition 275.

Als Beispiel für eine komplexe Komponente geben wir eine typische Baugruppe zur Ventilansteuerung an. Sie besteht aus einem Schalter, einem Meßpunkt und einem Ventil. Im oberen Teil wird eine Klasse definiert und im unteren Teil eine Instanz

```
ComplexComponent define: #ValveSelection
ports: #((lever mechanic in low) (currentIn ac in medium)
        (currentOut ac in medium) (slide² mechanic out low))
subparts: #((Switch+ s low) (MeasuringPoint m low)
            (Valve v low))
connections: #((self currentIn currentIn s)
            (s currentOut currentIn m)
            (m currentOut currentIn v)
            (v currentOut currentOut self)).
ValveSelection new: #vs27Y1
location: 'toolChanger'
connections: #((currentIn currentOut n152)
            (currentOut currentIn n511))
subparts: #((s s27K1a 214) (m m317 214) (v v27Y1 275))
position: 214.
```

Abbildung IX.3 - Eine komplexe Komponente

States, behavior, failures und failProbability können, müssen aber nicht definiert werden, vielmehr nimmt das System an, daß die komplexe Kompo-

---

[1] Meßpunkte (wie z.B. Manometer etc.) sind Komponenten, deren einziges Verhalten darin besteht, ihre Eingabe und Ausgabe gleich zu halten (ohne die Möglichkeit zu Fehlverhalten). Ihr eigentlicher Zweck ist es, Messungen zu niedrigen Kosten zu ermöglichen.

[2] slide ist ein Port von Valve und zeigt an, ob das Ventil geöffnet oder geschlossen ist.

nente die gleichen Zustände hat wie ihre Unterbauteile und leitet das Verhalten aus dem Verhalten der Unterbauteile her. Fehler in einer komplexen Komponente umfassen die Fehlermöglichkeiten der Unterkomponenten sowie die Möglichkeit fehlerhafter Verbindungen (im Beispiel: gebrochenes Kabel, die automatisch hinzugefügt werden). Selbstverständlich kann der Benutzer zusätzliche Fehler für die komplexe Komponente definieren, z.B. Fehlverhalten, die erst durch das Zusammenspiel von Unterkomponenten auftreten und nicht durch eine Unterkomponente allein.

Man beachte, daß die Erzeugung der Instanz `vs27Y1` keineswegs die Erzeugung von Instanzen für `s27K1a` etc. impliziert und diese auch nicht nötig sind. Vielmehr steht die Information über die Unterbauteilnamen in `vs27Y1`. Wenn alle Ventile Teile von komplexeren Komponenten sind, besteht keine Notwendigkeit, auch nur eine Instanz von `Valve` zu erzeugen, da alle Informationen von der Klassendefinition bezogen werden können.

IX.2   Das Maschinenmodell als Hilfsmittel der Wissensakquisition

Im Rahmen des MOLTKE-Projektes war stets ein Ingenieur als Wissensvermittler zwischen der Herstellerfirma und den Expertensystem-Entwicklern eingeschaltet. Die Notwendigkeit dieser Regelung hat sich im Projektverlauf deutlich gezeigt, da nur so Wesentliches von Unwesentlichem mit tragbarem Aufwand getrennt werden konnte. Eine der Aufgaben des Ingenieurs war es, das ihm vom Maschinenhersteller in Form von Bauplänen, technischen Zeichnungen etc. zur Verfügung gestellte maschinenspezifische kausale und funktionale Wissen mit Hilfe seines eigenen allgemeinen Maschinenbau- und Elektrotechnik-Wissens in eine Form zu bringen, die die Implementierung dieses Wissens in Form von Regeln erlaubte.

Während diese Tätigkeit in ihrem vollen Umfang für die Entwicklung des Diagnose-Expertensystems für den konkreten Maschinentyp unerläßlich war, muß ein vergleichbarer Aufwand für jede Adaptierung des entstandenen Systems an andere, ähnliche Maschinentypen vermieden werden. Vielmehr ist es erstrebenswert, aus den beim ersten Typ erkannten Zusammenhängen auf gleichartige Strukturen bei ähnlichen Maschinentypen zu schließen. Gerade das in Aufbau und Funktion der verschiedenen Maschinen begründete Wissen hat ja stets eine ähnliche Struktur und hängt unmittelbar von den der Maschine zugrundeliegenden Plänen und Zeichnungen ab. Immer kommen typische Bauteile wie Schalter, Relais, Ventile, Hydraulikpressen etc. vor, über deren übliche Fehlermöglichkeiten oft Informationen sowohl hinsichtlich der Ursache als auch der möglichen Auswirkungen und Häufigkeiten bekannt sind.

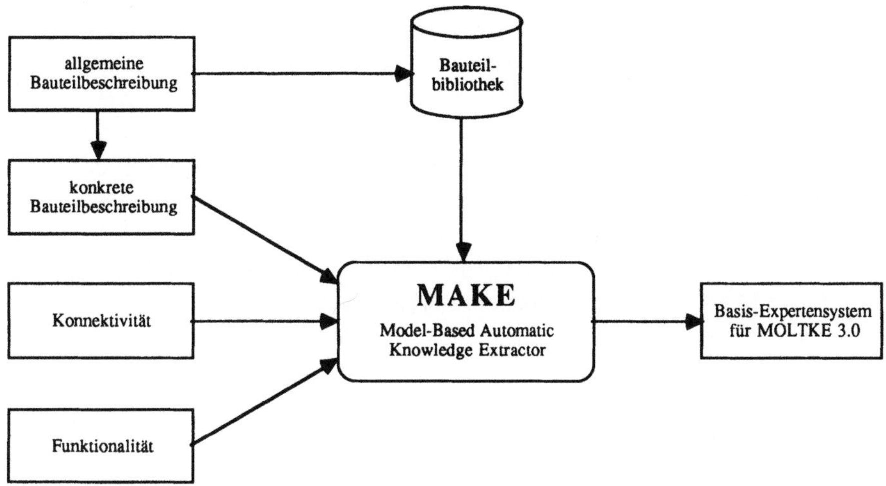

Abbildung IX.4 - Die Rolle von MAKE

Zur Vereinfachung der Erweiterung der Wissensbasis von MOLTKE auf ähnliche Maschinen haben wir daher ein System (MAKE = Model-based Automatic Knowledge Extractor) entwickelt, das auf Maschinenstruktur und -funktion beruhendes Wissen mit Hilfe eines aus Aufbauplänen und Funktionsschemata gewonnenen Maschinenmodells direkt, d.h. ohne Übertragung durch einen Ingenieur, in ein Diagnose-Expertensystem einbringen kann. Hierzu bietet sich insbesondere Wissen über die elektrischen und hydraulischen Komponenten an.

Die Erfahrungen aus der MOLTKE-Wissensakquisition tragen hier ganz wesentlich zur Leistungsfähigkeit dieses Wissenserwerbswerkzeuges bei und gehen in den Verarbeitungsmechanismus für das Maschinenmodell mit ein. Ein besonderer Vorteil einer derartigen modellbasierten Wissensakquisition liegt in der Möglichkeit zur Durchführung von Konsistenzüberprüfungen des eingegebenen Wissens. Ein solches Werkzeug, das die Eingabe von Aufbau- und Funktionsplänen von Maschinen auf hierarchische Weise gestattet und dieses Wissen dem Diagnose-Expertensystem verfügbar macht, kann — je nach Art des zu entwickelnden Expertensystems — auf zwei verschiedene Weisen arbeiten:

1) Ein modellbasiertes Expertensystem, das sein Modell nutzt, kann das eingegebene Wissen direkt verarbeiten und für seine Zwecke verwenden.
2) Für ein vorhandenes, vorgehensorientiertes Expertensystem wie z.B. MOLTKE bietet es sich an, das kausale und funktionale Wissen in Regelform zu transformieren, um die Repräsentationsform dieses Wissenstyps in den vorhandenen kontextorientierten Regelmechanismus einzubinden. Gerade Kontexte lassen sich leicht aus den Modellinformationen gewinnen. Erklärungen zu den Regeln sind ebenfalls automatisch generierbar. Dieser Weg wurde mit MAKE gegangen [Rehbold 89] [Moissiadis 89].

IX.3 Diagnosesteuerung

In [Althoff, Nökel, Rehbold, Richter 88] wurde ein Diagnosesystem skizziert, das neben dem Strukturwissen auch noch die Repräsentation von Heuristiken und Wahrscheinlichkeiten erlaubt und diese Wissensarten beim Lauf integriert. Eine derartige vollständige Integration von Modell und Heuristik erscheint auf lange Sicht gesehen auch für MOLTKE wünschenswert, wurde jedoch noch nicht in Angriff genommen. Vorüberlegungen hierzu finden sich in [Gladel-Speicher 88]. Ein solches System würde insbesondere die Möglichkeiten der Verdachtsgenerierung und -überprüfung bereitstellen, ohne dabei auf heuristisches Expertenwissen verzichten zu müssen. Im MOLTKE-Projekt wird die Integration der modellbasierten Diagnosesteuerung mit heuristischen Informationen dadurch gewährleistet, daß zum einen schon in das von MAKE automatisch erzeugte Basissystem statistische Informationen über Ausfallwahrscheinlichkeiten eingehen, zum anderen dieses System mit Hilfe der Diagnosefallbasis verbessert werden kann. Da die zugrundeliegende Kontextheterarchie des so entstehenden Systems aus Modellinformationen aufgebaut wird, ist sie stark an die Aufbaustruktur der Maschine angelehnt, die damit den Verlauf der Diagnose mitsteuert.

Während die Compilation des Modells zum Basis-Expertensystem einmalig und off-line geschieht, ist die Auswahl eines geeigneten Meßpunktes von der gegebenen Diagnosesituation abhängig und muß daher zur Laufzeit geschehen. Abhängig von den bereits bekannten Symptomen kann dann ein neues, bislang noch nicht erhobenes Symptom ausgewählt werden, daß möglichst "gut" ist. Die dabei notwendige Bewertung potentiell zu erhebender Symptome ist leider nicht objektivierbar, da nicht nur der (noch absolut und objektiv berechenbare) Informationsgewinn (abhängig von Struktur und a priori Ausfallwahrscheinlichkeiten) in das Maß eingeht, sondern auch die (für sich allein betrachtet ebenfalls noch einigermaßen objektivierbaren) Meßkosten (benötigte Geräte für die Messung, Zugriffskosten zum Meßpunkt etc.). Die Verrechnung dieser beiden Größen erfolgt von Experte zu Experte unterschiedlich: der eine mißt lieber einmal kompliziert als ein paar Mal einfach; beim anderen ist es umgekehrt. Für MOLTKE haben wir daher eine Komponente entwickelt, in der der Experte eine solche Verrechnungsfunktion selber wählen kann, und die dann aufgrund einer gegebenen Situation einen nach dieser Verrechnungsfunktion optimalen Meßpunkt selektiert.

IX.4 Verdachtsgenerierung

Verfügt ein Expertensystem erst einmal über ein brauchbares Modell der zu untersuchenden Maschine, so ist das Erzeugen von kausalen Regeln nicht dessen einzig mögliche Verwendung. Wie bereits oben angedeutet, können über das Modell fehlerverdächtige Komponenten sofort, d.h. ohne Regeln und nur auf Grund der kausalen Zusammenhänge, identifiziert werden. Eine mögliche Methode hierzu ist *Constraint Suspension* [Davis 84]. Das Modell wird dabei als hierarchisches Constraintnetz dargestellt, dessen Meßpunkte im Fehlerfall inkonsistente Werte haben. Durch Ausschalten von Constraints werden mögliche Fehlerquellen identifiziert und können durch Messungen oder Heuristiken überprüft werden. Ein entsprechender Prototyp, für das MOLTKE-System erstellt wurde [Ernst 88], hätte sich zwar aufgrund der Eigenentwicklung aller wesentlichen Komponenten von MOLTKE problemlos integrieren lassen, jedoch zeigte sich schon im Einzelbetrieb, daß Constraint Suspension in der Realität komplexer Bauteile mit nicht-trivialem Verhalten keine so nützliche Technik ist, wie dies in den Beispielen einfachster digitaler Schaltkreise häufig erscheinen mag. Ohne Fehlermodelle scheitert die Simulation, und erst aufwendigere Techniken, wie z.B. die in SHERLOCK [de Kleer, Williams 89] verwandten, können wieder zur Verdachtsgenerierung genutzt werden.

IX.5 Verdachtsüberprüfung

Durch Simulation im Modell können vermutete Fehler auf ihre Auswirkungen und Symptome hin untersucht werden. Die dabei erhaltenen Ergebnisse lassen sich dann in Relation zu den tatsächlich gemessenen Größen setzen, um so den Erklärungswert der vermuteten Diagnose zu bestimmen und ggf. andere Fehler zu verdächtigen. Diese Art von Einsatz eines Modells erfordert eine sehr weitgehende Modellierung, da nicht nur das übliche korrekte, sondern auch das fehlerhafte Verhalten von Bauteilen so genau beschrieben sein muß, daß daraus ausreichende Angaben für einen Vergleich mit tatsächlichen Symptomen zu erhalten sind. Die hier beschriebenen und in MAKE verwandten Modelle erfüllen jedoch diese Anforderungen bereits weitestgehend und können daher zur Verdachtsüberprüfung sowie zur Erklärung der vorliegenden Symptomatik eingesetzt werden.

X Lernverfahren in MOLTKE

X.1 Motivation

Ein Servicetechniker ist aufgrund seines Erfahrungswissens in der Lage, Diagnosen schneller zu stellen, falsche Diagnosen zu vermeiden, Konsequenzen aus falschen Diagnosen zu ziehen sowie das (erfolgreiche) Diagnoseverfahren bereits erlebter Situationen auf das aktuelle Problem (sinngemäß) zu übertragen. Diese Fähigkeiten beruhen dabei auf seinem intuitivem Verständnis für ähnliche Situationen bzw. seinem Vermögen, verkürzte Lösungswege anwenden zu können.

Ein Beispiel aus der Domäne der CNC-Maschinen soll dies illustrieren: Eine Werkzeugmaschine wird in einem Bereich mit sehr hoher Umgebungstemperatur eingesetzt. Nehmen wir weiter an, daß bei dieser Maschine umgebungsbedingt in 90% der Fälle ein bestimmter Teil der Hydraulik ausfällt. Ein erfahrener Servicetechniker, der diese Maschine kennt, wird im allgemeinen schon nach der Feststellung der ersten Symptome entscheiden, ob der übliche Fehler aufgetreten ist oder nicht. Erkennt er ein Teilmuster der Symptomatik des Hydraulikfehlers, so wird er auf ein Abarbeiten des kompletten Suchweges verzichten.

Ein weiteres Szenario ist die Behandlung von bisher unbekannten Fehlersituationen: Nach der Installation und den damit verbundenen Testläufen einer CNC-Maschine wurde beim erstmaligen regulären Einsatz ein Fehler festgestellt. Nach einer langwierigen Untersuchung stellte der erneut herbeigerufene Techniker zufällig fest, daß das für den Transport aufgetragene Schmierfett einen Endschalter verklebt hatte. Diese für den Servicetechniker neue Erfahrung versetzt ihn in Zukunft in die Lage, ähnliche Fehlersituationen gezielt zu lösen.

Solches Wissen, das auf konkreten Erfahrungen beruht, steht heutigen Diagnosesystemen meist nicht zur Verfügung. Der Servicetechniker hingegen kennt aus seiner Tätigkeit Fälle für solch spezifisches Fehlverhalten. Schauen wir uns einen konkreten Fall näher an (Abb. X.1 und Abb. X.2):

Maschinenfehlermeldung	i59	
I/O-Status IN36	logisch-1	**die in dieser**
I/O-Status OUT7	logisch-1	**Reihenfolge**
Ventil 5Y1	geschaltet	**erhobenen**
Ventil 5Y2	nicht geschaltet	**Symptome**
Leitungssystem	in Ordnung	
Aufnahmekegel	nicht verschmutzt	
I/O-Status IN32	logisch-1	
I/O-Karte	defekt	**die Diagnose**

Abbildung X.1 – Ein "Fall" 1 in der MOLTKE-Wissensbasis

Maschinenfehlermeldung	i59	
		die in dieser
I/O-Status OUT7	logisch-1	**Reihenfolge**
Ventil 5Y1	geschaltet	**erhobenen**
Ventil 5Y2	nicht geschaltet	**Symptome**
Leitungssystem	in Ordnung	
Aufnahmekegel	nicht verschmutzt	
I/O-Status IN32	logisch-1	
I/O-Karte	defekt	**die Diagnose**

Abbildung X.2 – Ein Fall des Servicetechnikers

---

[1]   Aus der Wissensbasis extrahierte Fälle heißen *Diagnosepfade* .

Wie man leicht feststellt, hat der Techniker das Symptom I/O-Status IN36 mit Wert logisch-1 nicht erhoben. Mit anderen Worten: Er hat es nicht benötigt, um die gleiche Diagnose stellen zu können. Man kann dieses Verhalten auf zweierlei Weise interpretieren:

- Der Servicetechniker betrachtete das Symptom als für die gegebene Situation irrelevant.
- Die Relevanz der übrigen Symptomwerte für die Diagnose oder den fehlenden Symptomwert ist so stark, daß ein Analogieschluß zwischen der vollständigen und der unvollständigen Situation gerechtfertigt ist - also der fehlende Symptomwert durch eine Analogie abgeleitet werden konnte.

In beiden Fällen wäre die fragliche Symptomausprägung durch die restlichen Symptomwerte partiell determiniert (vgl. hierzu Abschnitt I.3). Man kann versuchen, den Grad der Determiniertheit durch Lernen aus weiteren Fällen zu verbessern. Allgemein lernt ein Techniker auf eine doppelte Weise:

- Er "lernt" von einem bestimmten früheren Fall, in dem er in einer konkreten Situation eine dortige Lösung sinnvoll auf den aktuellen Fall überträgt.
- Er "lernt" aus der Gesamtheit aller früheren Fälle sein gesamtes Lösungsverhalten zu verbessern.

Im Rahmen von MOLTKE wird das für die Diagnose relevante Erfahrungswissen eines Servicetechnikers explizit mit Hilfe von Diagnosefällen modelliert. Ein Fall ist dabei ein Protokoll des realen Problemlöseverhaltens eines Experten, bestehend aus einer Situationsbeschreibung und der jeweils gestellten Diagnose (vgl. auch Abb. X.2):

<u>X.1. Definition: Diagnosefall</u>
Ein *Diagnosefall* (oder synonym Fall) df ist gegeben als ein Tripel (Name(df); Sit(df); D(df)), bestehend aus dem Namen des Falles Name(df), seiner Situation Sit(df) und der zugehörigen Diagnose D(df).
Ein Diagnosefall wird häufig mit seinem Namen identifiziert.

Ziel der Lernkomponente ist es, das Diagnoseverfahren auf die gleiche Art und Weise zu verbessern, wie dies oben für den Servicetechniker motiviert wurde. Zudem soll MOLTKE durch eine "erfahrungsbasierte" Vorgehensweise für den jeweiligen Servicetechniker "nachvollziehbar" sein. Entsprechend werden im Rahmen der MOLTKE-Lernverfahren (vgl. Abb. X.3) zwei sich ergänzende Ansätze verfolgt, ein fallverallgemeinernder (GenRule) und ein fallfokussierender (PATDEX):

- das GenRule[1]-System lernt aus Analogien zwischen neu präsentierten Diagnosefällen und bereits in die Wissensbasis integrierten Diagnosepfaden[2]. Diese analogen Schlüsse werden in heuristische Regeln compiliert.
- Das PATDEX[3]-System führt fallbasiertes Schließen direkt auf einer Fallbasis durch. Dies ist sowohl zur Behandlung von Ausnahmefällen, als auch zur Wissensakquisitionsunterstützung wichtig (direktes Interpretieren der Diagnosefälle, Akquisition weiterer Diagnosefälle).

Das Hauptunterscheidungsmerkmal der beiden Systeme ist, daß GenRule analoges Schließen offline zur Verbesserung der Wissensbasis einsetzt, während PATDEX es online als eigentlichen Problemlösemechanismus verwendet. Im Sinne von Kapitel I handelt es sich im ersten Fall also um Lernen durch Analogie und im zweiten Fall um fallbasiertes Lernen.

---

[1]   Generator of empirical MOLTKE Rules

[2]   Ein Diagnosepfad ist ein Protokoll eines Diagnoselaufs, basierend auf der aktuellen Wissensbasis des Expertensystems. Ein Pfad besteht aus einer Situation und der gestellten Diagnose, d. h. Diagnosefälle und -pfade sind syntaktisch gleich (siehe auch Abb. X.1).

[3]   PATtern Directed EXpert system

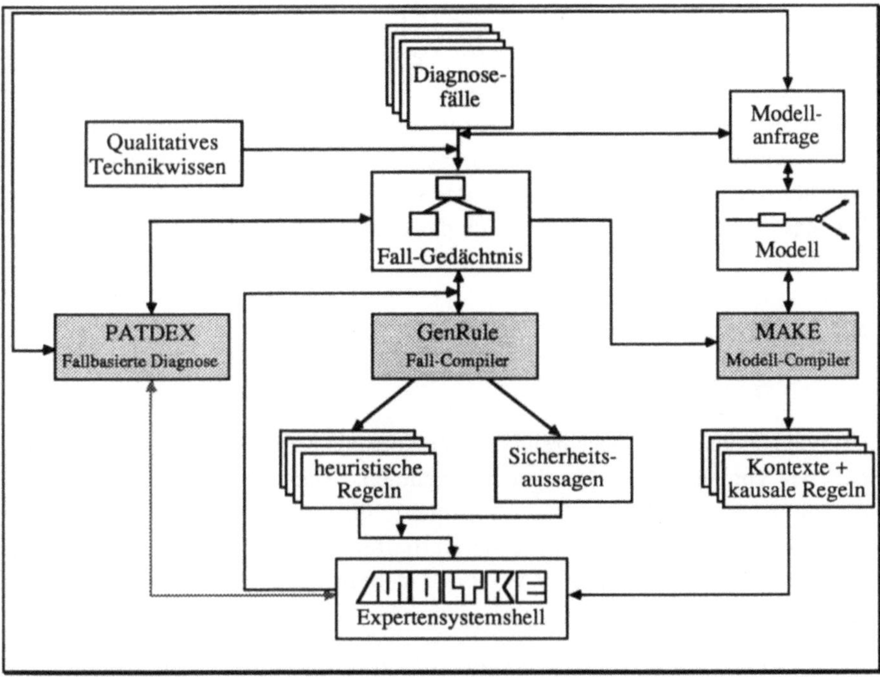

Abbildung X.3 – Die Lernkomponente innerhalb der MOLTKE-Werkbank

X.2 Das System PATDEX[1]

Wir haben bei einem System wie PATDEX zwei Aspekte zu unterscheiden. Einmal handelt es sich darum, wie ein konkreter Diagnosefall behandelt wird und zum anderen ist zu beachten, wie aus neuen Fällen gelernt wird, wie sich also das Diagnoseverhalten langfristig ändert. Bei der aktuellen Problemlösung werden Analogieschlüsse gezogen, dabei spielen zwei Werte eine entscheidende

---

[1]   Grundlegend für die Entwicklung von PATDEX war [Stadler, Weß 89].

Rolle, das Ähnlichkeitsmaß und der Determinationsfaktor. Ausgehend von einigen Symptomwerten wird unter Verwendung der in der Wissensbasis enthaltenen Information, falls unter sinnvollem Resourceneinsatz möglich, eine Diagnose gestellt, nachdem die zugrundeliegende Fehlersituation ausreichend erfaßt wurde. Der Verlauf einer Diagnosesitzung und die Bewertung der zugehörigen Diagnose durch den Benutzer fließt in einer kontinuierlichen Verbesserung der Wissensbasis durch das System ein.

X.2.1 Beschreibungselemente

Grundlegend sind die Beschreibungselemente aus Kapitel I. Hervorzuheben ist, daß wir von dort zwei Größen übernehmen: Ähnlichkeitsmaße und Determinationsfaktoren. Wenn diese auch nicht völlig unkorreliert sind, so wollen wir sie doch sorgfältig auseinanderhalten. Im folgenden werden die wichtigsten zusätzlichen oder verändert gebrauchten Objekte des PATDEX-Systems erläutert:

Ähnlichkeitskategorien   Ausgehend von den lokal für jeden Fall definierten Schwellwerten (Diagnoseschwelle σ und Eingangsevidenz ε), den Symptomkategorien und gewissen Zusatzinformationen (alle Symptome des Falles erhoben, Ablehnung durch den Benutzer) werden Diagnosefälle bezüglich ihrer Ähnlichkeit φ in verschiedene Kategorien eingeteilt, die in gewisser Weise den Grad ihrer Aktivierung widerspiegelt.

Aktivierung   Kognitionspsychologisch motivierte Betrachtungsweise bei der Verarbeitung von Diagnosefällen. Fälle können aktiviert oder nichtaktiviert sein bzw. sich auf verschiedenen Aktivierungsebenen befinden.

Diagnoseschwelle σ   Lokal für jeden Diagnosefall definierter Schwellwert, der zur Etablierung der im Fall eingetragenen Diagnose überschritten sein muß.

Eingangsevidenz ε   Lokal für jeden Diagnosefall definierter Schwellwert, der überschritten sein muß, damit der Fall weiter betrachtet wird.

Erfahrungsgraph	Ein Graph, dessen Knoten Situationen sind und dessen gerichtete Kanten mit Determinationsfaktoren beschriftet sind, die angeben wie häufig eine Situation vorliegt, wenn eine andere gegeben ist.
Kandidatenliste	Liste der sich aktuell auf der höchsten Aktivierungsstufe befindenden Diagnosefälle.
Symptomkategorien	Symptome werden auf der Basis der aktuellen Situation zur Unterstützung der Ähnlichkeitsberechnung in unterschiedliche Kategorien eingeteilt.

X.2.2 Funktionalität von PATDEX

Die PATDEX entsprechende Version des Topleveldiagrammes für die diagnostische Vorgehensweise ist in Abb. X.4 beschrieben.

Dieses Diagramm bedarf einer genaueren Analyse. Zentral ist die Synthese von zwei Arten heuristischen Vorgehens: Einmal haben wir das analoge Schließen aufgrund einer vorhandenen Ähnlichkeit und zum anderen das Erschließen unbekannter Sachverhalte durch Erfahrungswissen, ausgedrückt in partiellen Determinationen.

Entsprechend arbeitet die hier beschriebene fallbasierte Komponente zweistufig. In der ersten Stufe werden Erfahrungen aus früheren Diagnosesitzungen zur Bestimmung einer a priori Hypothese verwendet, die sich in der Vergangenheit bei vergleichbaren Situationen oft bewährt hat. Das Erfahrungswissen des Systems wird dabei durch ein assoziatives Netzwerk (dem Erfahrungsgraphen) repräsentiert, in dem Situationen und partielle Determinationen zwischen Situationen enthalten sind.

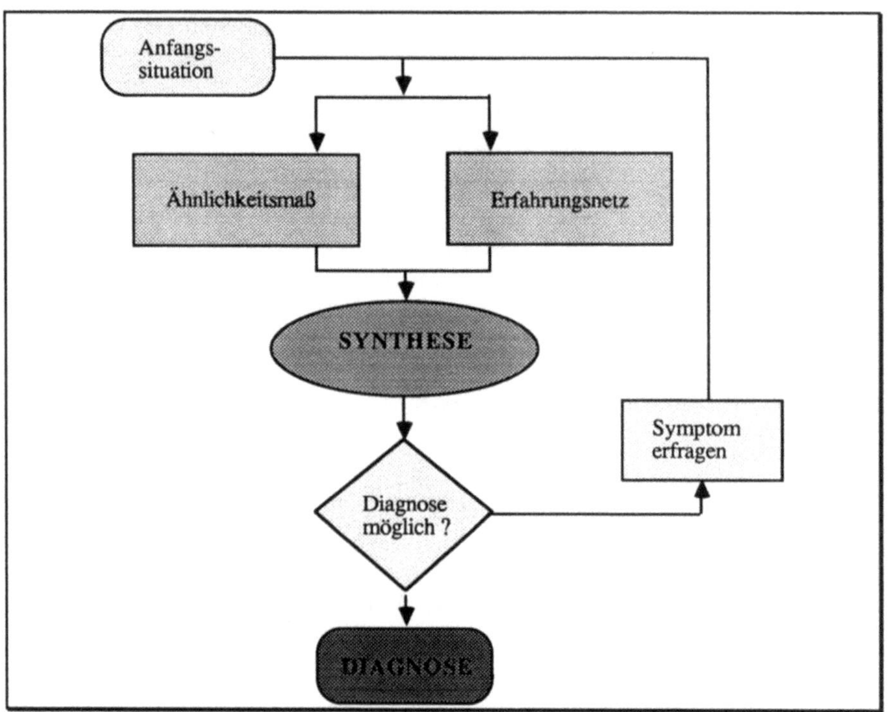

Abbildung X.4 – Der Toplevel-Diagnoseablauf in PATDEX

Mit dem im Erfahrungsgraph repräsentierten Wissen lassen sich jedoch nur statistische Aussagen treffen. Damit könnten häufig auftretende Fehler (Standardfehler) zwar im Mittel zufriedenstellend diagnostiziert werden, die hohe Quote der Fehldiagnosen bei Nicht-Standardfehlern würde eine praktische Anwendung aber erschweren und an der eigentlichen Zielsetzung der fallbasierten Komponente vorbeigehen, nämlich dem Diagnosesystem Wissen über Nicht-Standardfehler in Form von Diagnosefällen zur Verfügung zu stellen.

Deshalb wird in der zweiten Stufe der Komponente zunächst versucht, auf der Grundlage der bislang erhobenen Symptomwerte (der aktuellen Fehler-situation) und der dem System bekannten Fälle eine Diagnose zu stellen. Da im Gegensatz zu anderen Diagnosestrategien bei dem hier vorgestellten Verfahren nicht garantiert werden kann, daß nach einer angemessenen Zahl von Schritten eine korrekte Diagnose gefunden wird, muß sichergestellt werden, daß einerseits die für die Problemlösung zur Verfügung stehenden Ressourcen sinnvoll eingeschränkt und andererseits der Schaden durch mögliche Fehldiagnosen minimiert wird.

Dazu werden für jeden Diagnosefall zwei Schwellwerte definiert. Der untere Schwellwert (Eingangsevidenz ε) steht für die minimal geforderte Ähnlichkeit zwischen Fall und Situation, während der obere Schwellwert (Diagnoseschwelle σ) eine Abschätzung für die Verläßlichkeit der auf dem jeweiligen Fall basierenden Schlußfolgerungen darstellt. Wächst der Diagnoseschwellwert, so steigt die zur Diagnose geforderte Übereinstimmung zwischen der Situation des Falles und der aktuellen Situation. Im Extrem müssen dann die jeweilige Fallsituation und die vorliegende Fehlersituation exakt übereinstimmen. Wurde ein Fall, d.h. seine Diagnose, bereits in der ersten Stufe als Fehlerhypothese ausgewählt, so werden seine Schwellwerte abgeschwächt, da ja existierende Ähnlichkeiten zwischen Basis- und Zielstruktur durch die in Stufe eins gemachte Systemerfahrung weiter verstärkt werden können.

Die vom System verfolgte Diagnosestrategie beruht im wesentlichen auf dem APS[1]-Algorithmus von [Gick, Holyoak 80] und wird im folgenden näher erläutert. Im ersten Schritt wird zunächst eine der Zielstruktur (aktuelle Situation) möglichst ähnliche Basisstruktur (Fall) ermittelt, d.h. aus der Fallbasis wird nach Maßgabe eines Ähnlichkeitsmaßes ein zur Fehlersituation möglichst ähnlicher Fall ausgewählt. Anschließend wird solange iterativ wie folgt vorgegangen, bis entweder eine Diagnose gestellt werden kann oder eine Abbruchbedingung erfüllt ist:

- Die für den gewählten Fall vorgegebene Eingangsevidenz wird nicht erreicht:
  Die Basisstruktur ähnelt zwar der vorhandenen Zielstruktur, brauchbare analoge Schlüsse können jedoch nicht gezogen werden. Im folgenden muß die Aufmerksamkeit also auf einen anderen Fall fokussiert werden.
- Die Eingangsevidenz wird überschritten, die Diagnoseschwelle aber nicht erreicht:

---

[1]   Analogical Problem Solving

In diesem Fall wird versucht, die Strategie der Basisstruktur sukzessive auf die Zielstruktur zu übertragen. Zu diesem Zweck werden vom System nach speziellen Kriterien (Differenziertheit, Markanz, Determiniertheit, Aufwand) gezielt weitere Symptomwerte erhoben. Ergibt sich dabei, daß andere Diagnosefälle der Zielstruktur ähnlicher werden als die aktuelle Basisstruktur, so wird der ähnlichste Diagnosefall zur neuen Basisstruktur.

- Zur aktuellen Zielstruktur findet sich keine geeignete Basisstruktur in der Wissensbasis bzw. bei vorgegebenem Resourceneinsatz kann bei keinem Fall die Diagnoseschwelle überschritten werden:
  PATDEX besitzt dann keine Kompetenz und gibt die Kontrolle zur Fortführung der Diagnose ab.
- Die für den jeweiligen Fall vorgegebene Diagnoseschwelle wird überschritten:
  Die Übereinstimmungen zwischen der Basisstruktur und der Fehlersituation sind so groß, daß nach Berücksichtigung des Risikos einer Fehldiagnose eine Diagnose mit hinreichender Evidenz gestellt werden kann.

Für die Effizienzsteigerung der vorgestellten fallbasierten Vorgehensweise ist eine Rückmeldung durch den Benutzer sinnvoll [Kolodner 87], bei der eine Diagnose bewertet oder korrigiert wird. Hierdurch ergeben sich folgende Lernmöglichkeiten:

- Lernen von neuen bzw. besseren partiellen Determinationen:
  Durch Verändern der partiellen Determinationen im Erfahrungsgraphen ist es möglich, das System an lokale Gegebenheiten und funktionale Eigenheiten des zu diagnostizierenden technischen Systems anzupassen. Diese Anpassung kann in einer speziellen Trainingsphase vorgenommen werden, aber auch mit der Zeit durch die Häufigkeit des Auftretens bestimmter Symptomwertkonstellationen in diagnostizierten Fehlern erfolgen.
- Lernen der eigenen Kompetenzgrenzen (Lernen von Schwellwerten):
  Anpassung der Schwellwerte durch den Erfolg bzw. Mißerfolg von Diagnosen. Fälle, die häufig zu einer abgelehnten Diagnose

geführt haben, werden durch eine Erhöhung ihres unteren Schwellwertes mit der Zeit weniger berücksichtigt. Durch eine Anpassung des Diagnoseschwellwertes kann erreicht werden, daß zum Stellen der Diagnosehypothese eines bestimmten Falles eine höhere Evidenz erforderlich ist.

- Lernen der möglichst guten Auswahl des ähnlichsten Falles
  Da die Qualität der fallbasiert erzielten Resultate direkt von der Güte des verwendeten Ähnlichkeitsmaßes abhängt, muß dieses mit der Zeit ebenfalls angepaßt werden. Diese Anpassung erfolgt indirekt über das Lernen von partiellen Determinationen und Schwellwerten, da diese Werte die Ähnlichkeitsberechnung beeinflussen.

X.2.2.1 Das Ähnlichkeitsmaß

Zentral für eine jede reale Anwendung von Analogieschlüssen ist ein Ähnlichkeitsmaß. Es gibt sicherlich kein universell verwendbares Ähnlichkeitsmaß, weil man doch jeweils auf besondere Perspektiven und Schwerpunkte dessen, wofür man sich gerade interessiert, zu achten hat. "Ähnlich" hängt letzten Endes auch von der intendierten Aktion ab, die man zu übertragen gedenkt. Die Werte des Maßes müssen auch nicht immer in eine totalgeordnete Menge gehen, weil man dann die Objekte bezüglich der Ähnlichkeit zu einem bestimmten Objekt auch wieder anordnen könnte, was häufig nicht geht.

PATDEX geht von einem gewichteten, implizit arbeitenden Ähnlichkeitsmaß aus. Da es kein explizites Wissen enthält, ist es allerdings auch recht einfach, was eine entsprechend kompakte Darstellung ermöglicht. Zu seiner Berechnung erfolgt eine Einteilung der Symptomwerte in verschiedene Kategorien, was einer (dynamischen) Gewichtung der entsprechenden Symptome dient. Die Zuordnung eines Symptoms zu einer Kategorie basiert auf dem Vergleich zwischen der Basis- und der Zielstruktur. Die folgenden Überlegungen sind dabei maßgebend für die Festlegung der Symptomkategorien (Def. X.2):

- Bei der Bewertung einer Situation sollen sowohl positive als auch negative Aspekte berücksichtigt werden.
- Die positiven Aspekte einer Situation sollen für die positive Bewertung der Ähnlichkeit die negativen Aspekte überwiegen.
- Ein nicht erfülltes Symptom bedeutet nicht, daß der aktuelle Fall zur Erklärung der Fehlersituation ungeeignet ist.
- "Falsche" Symptomwerte stellen einen sehr negativen Aspekt bei der Bewertung dar.
- Unbekannte Symptome werden als potentiell erfüllte Symptome angesehen (ein optimistisches Diagnoseverhalten).
- Symptome, die im aktuellen Fall nicht enthalten sind, sollen zur Beurteilung der Ähnlichkeit zwar herangezogen, aber nicht überbewertet werden.

X.2. Definition: Symptomkategorien, Gewicht
Sei df ein beliebiger Diagnosefall und sit eine beliebige Zielstruktur. Jedes Symptom S, das entweder in df vorkommt oder in sit mit Wert ungleich unbekannt, wird in eine der in Tab. X.1 definierten *Symptomkategorien* U, E, F oder N eingordnet. Das *Gewicht* von S ergibt sich ebenfalls aus der Tab. X.1.

Symptomkategorie	Beschreibung	Gewichtung
Kategorie der unbekann-ten Symptomwerte U	Das Symptom wurde in der aktuellen Diagnosesi-tuation noch nicht erho-ben	- 1/2
Kategorie der erfüllten Symptomwerte E	Das Symptom wurde er-hoben und trifft auf die aktuelle Fehlersituation zu	1

Kategorie der falschen Symptomwerte **F**	Das Symptom wurde erhoben und trifft auf die aktuelle Fehlersituation nicht zu	- 2
Kategorie der nicht enthaltenen Symptomwerte **N**	Das Symptom wurde erhoben und trifft auf die aktuelle Fehlersituation zu, ist aber im aktuell betrachteten Fallbeispiel nicht enthalten	- 1/2

Tab. X.1 - Symptomkategorien zur Unterstützung des Ähnlichkeitsmaßes

Ausgehend von den Symptomkategorien läßt sich auf natürliche Weise ein Ähnlichkeitsmaß definieren (Def. X.3):

X.3. Definition: Ähnlichkeitsmaß

Seien df ein beliebiger Diagnosefall und sit eine beliebige Zielstruktur. In Abhängigkeit von df und sit seien e := |E|, u := |U|, f := |F|, n := |N| und s := e + u + f + n. Ein *Ähnlichkeitsmaß Ä-Maß* ist dann definiert über die folgende Abbildung:

$$\text{Ä-Maß: (df, sit)} \mapsto \text{Ä-Maß(df, sit)} = (2e - u - n - 4f) / 2s \in [-2;1]$$

Der maximale Wert des Ähnlichkeitsmaßes ist 1, er entspricht der identischen Situation. Hingegen entspricht -2 als unterster Wert des Ähnlichkeitsmaßes der Situation, in der alle Symptome den falschen Wert haben, d.h. der Fall gilt als widerlegt. Die Gewichtung erfolgt relativ zur Anzahl der Symptomwerte, die in dem betrachteten Fall bzw. der Zielstruktur (mit Wert ungleich unbekannt) auftreten, mit den Faktoren 1, - 1/2 und - 2. Wie die Werte von Ä-Maß nun möglichst effizient berechnet werden können, ist Gegenstand des nächsten Abschnittes.

X.2.2.2 Effiziente Berechnung des Ähnlichkeitsmaßes

Auf Basis der lokal für jeden Fall definierten Schwellwerte (Diagnoseschwelle σ und Eingangsevidenz ε), der vorliegenden Situation Sit und der oben eingeführten Symptomkategorien werden Fälle bezüglich ihrer Ähnlichkeit φ, d.h. Ä-Maß (jeweiliger_Fall, Sit), und gewisser Zusatzinformationen (alle Symptome des Falles erhoben, Ablehnung durch den Benutzer) in folgende Kategorien eingeteilt:

- Kategorie der widerlegten Fälle
  Fälle, bei denen alle Symptomwerte falsch sind.
- Kategorie der abgelehnten Fälle
  Fälle, wo alle Symptome erhoben wurden und trotzdem $\varphi < \sigma$ gilt bzw. Fälle, die vom Benutzer explizit abgelehnt wurden.
- Kategorie der bewiesenen Fälle
  Fälle mit $\varphi = 1$, d.h. die Situation des Falles und die aktuelle Situation sind identisch.
- Kategorie der ausreichenden Fälle
  Fälle mit $\sigma \leq \varphi < 1$, d.h. die Diagnoseschwelle wurde überschritten.
- Kategorie der wahrscheinlichen Fälle
  Fälle mit $\varepsilon \leq \varphi < \sigma$, d.h. die Eingangsevidenz wurde überschritten, die Diagnoseschwelle allerdings noch nicht.
- Kategorie der möglichen Fälle
  Fälle mit $0 \leq \varphi < \varepsilon$, d.h. es sprechen nicht mehr Fakten gegen den Fall als für ihn.
- Kategorie der unähnlichen Fälle
  Fälle mit $\varphi < 0$, d.h. es sprechen mehr Fakten gegen den Fall als für ihn.

Tab. X.2 - Kategorieneinteilung zur Berechnung des Ähnlichkeitsmaßes

Ohne die beiden oberen Kategorien, die auf den Zusatzinformationen basieren, lassen sich die Kategorien auch als Ähnlichkeitskategorien interpretieren. Dies wird in Abb. X.5 noch einmal veranschaulicht:

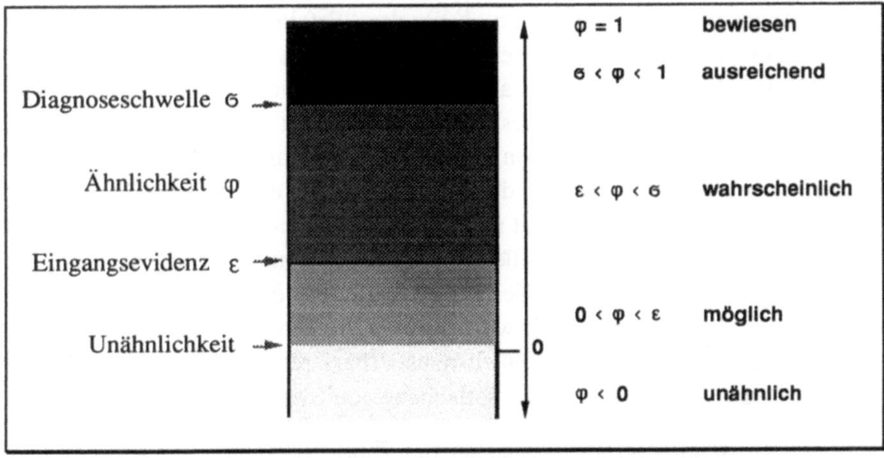

Abbildung X.5 – Ähnlichkeitskategorien in PATDEX

Für eine effiziente Berechnung des Ähnlichkeitsmaßes bilden nun gerade die Kategorien aus Tab. X.2 den Ausgangspunkt. Sie definieren gewissermaßen einen "Ähnlichkeitsstatus", der in genauer Analogie zum Begriff des Status eines Fehlers gesehen werden kann, wie er in FOMEX (Kapitel VI) verwendet wurde, vgl. auch Kapitel I.

Für eine gegebene Anfangssituation wird die Fallbasis in aktivierte und nichtaktivierte Fälle partitioniert. Ein Fall heißt dabei *aktiviert*, wenn mindestens eines der in ihm enthaltenen Symptome einen Wert ungleich unbekannt hat. Da der Ähnlichkeitswert nichtaktivierter Fälle auf jeden Fall echt negativ ist, liefert die Menge der nichtaktivierten Fälle eine Approximation der Menge der unähnlichen Fälle. Als Kandidaten für ähnliche Fälle berücksichtigt PATDEX lediglich aktivierte Fälle, die in eine *Kandidatenliste* eingetragen werden. Für sie wird dann das zugehörige Ähnlichkeitsmaß berechnet und eine Zuordnung zu den jeweiligen Kategorien aus Tab. X.2 vorgenommen. Letztere induzieren eine bestimmte Reihenfolge bei der Betrachtung potentieller Kandidatenmengen, die als Aktivierungshierarchie der entsprechenden Fallmengen verstanden werden kann. Die Motivation für diese Vorgehensweise ist, möglichst wenig Fälle gleichzeitig betrachten zu müssen.

In die Kandidatenliste aufgenommen werden die Fälle der höchstmöglichen Ähnlichkeitskategorie (nach Abb. X.5), der "Erfahrungskandidat", d.h. der vom Erfahrungsgraphen gelieferte Fall, und vom Benutzer explizit gewünschte Fälle. Sobald die aktuelle Situation verändert wird, wird die Kandidatenliste aktualisiert. Dies kann sehr effizient gestaltet werden, da ein Algorithmus verwendet wird, ähnlich dem in Absschnitt VII.4.3 beschriebenen Algorithmus zur Auswertung der Formelsprache des MOLTKE 2 Basissystems. Der Algorithmus erhält als Eingabe die aktuelle Situation, den neuen Symptomwert und die Menge aller dem System bekannten Diagnosefälle. Als Ausgabe liefert er die Menge derjenigen Fälle, die durch die Symptomwertänderungen ihren Ähnlichkeitswert verbessern konnten, einschließlich der (Neu-)Berechnung ihres Ähnlichkeitsmaßes (basierend auf der Aktualisierung der Mächtigkeiten der jeweiligen, fallabhängigen Symptomkategorien).

Das Aktualisierungsverfahren gestaltet sich somit wie folgt:

- Die Basis bildet ein Abhängigkeitsnetz aus Diagnoseformeln, das ähnlich aufgebaut ist wie das Formelnetz in Kapitel VII. Jede atomare Diagnoseformel "weiß" somit, in welchen Diagnoseformeln sie enthalten ist (und umgekehrt). Zudem "weiß" eine Formel, in welchen Diagnosefällen sie enthalten ist.
- Wird ein weiteres Symptom erhoben, so ändert sich dessen Symptomwert, d.h. die Symptomvariable des Symptoms wird belegt. Sei z.B. (Fehlercode; {i34, i59, i64, ...}; ?Code) ein Symptom . Dann könnte das wie folgt aussehen:
  - ?Code <-- i59
- Vom jeweils belegten Symptom abhängige Formeln werden neu ausgewertet. Für Fehlercode könnten sich z.B. die folgenden Auswertungen ergeben:
  - (?Code = i34) =: f_1 <-- FALSE
  - (?Code = i59) =: f_2 <-- TRUE
  - (?Code = i64) =: f_3 <-- FALSE
- Von den Formeln f_i abhängige Fälle erhöhen, je nach der in ihnen enthaltenen Situation, die Anzahl ihrer erfüllten bzw. ihrer falschen Symptomwerte und verringern die Anzahl ihrer unbekannten Symptomwerte.

- Bei erfülltem Symtomwert wird geprüft, ob der Fall bewiesen wurde bzw. ob er in die Kandidatenliste aufgenommen werden kann.
- Bei falschem Symtomwert wird geprüft, ob der Fall widerlegt oder abgelehnt wurde bzw. ob er aus der Kandidatenliste entfernt werden muß.
- Von den Formeln f_i unabhängige Fälle der aktuellen Kandidatenliste inkrementieren die Anzahl der von ihnen nicht erklärbaren, d.h. die nicht in ihnen enthaltenen, Symptomwerte.
- Für alle Diagnosefälle der Kandidatenliste wird das Ähnlichkeitsmaß neu berechnet.

Erwähnenswert ist dabei die Tatsache, daß trotz der Einschränkung der Neuberechnung des Ähnlichkeitsmaßes auf Fälle innerhalb der Kandidatenliste garantiert werden kann, daß "ähnlichste" Fälle auch gefunden werden, da ja bei der Neuberechnung alle Diagnosefälle berücksichtigt werden, die ihren Ähnlichkeitswert verbessern.

X.2.2.3 Der Erfahrungsgraph

Wie bereits im vorherigen Abschnitt erwähnt wurde, geht in die Kandidatenliste ein Fall ein, der mit Hilfe des Erfahrungsgraphen bestimmt wurde. Dieser Fall spiegelt gewissermaßen die "Erfahrung" wider, die PATDEX bislang gemacht hat. Der Erfahrungsgraph ist ein gerichteter, azyklischer Graph, dessen Knoten Situationen und dessen Kanten mit partiellen Determinationen beschriftet sind. Die Summe der Gewichte der von einem Knoten ausgehenden Kanten ist genau 1. Jede Situation wird dabei höchstens einmal repräsentiert. Situationen, die Teilsituationen von zu Diagnosefällen gehörenden Situationen darstellen, werden mit diesen assoziiert.

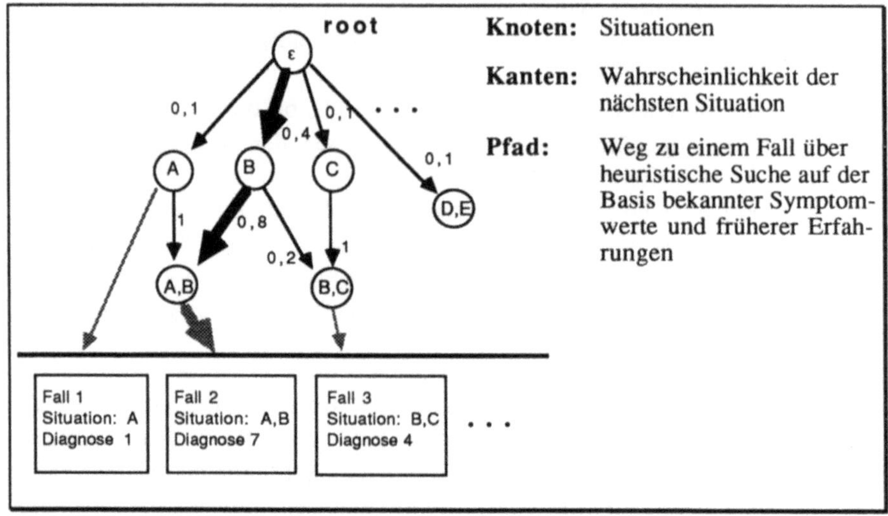

Abbildung X.6 – Der PATDEX-Erfahrungsgraph

Wird PATDEX mit einer neuen Fallbasis gestartet, so wird als erstes ein Erfahrungsgraph generiert. Dieser beinhaltet alle Situationen, die in den gegebenen Fällen vorkommen, inklusive aller notwendigen Teilsituationen, die durch Durchschnitt- und Komplementbildung der jeweiligen Fallsituationen entstehen.

Die Verwendung des Erfahrungsgraphen soll an dem Beispiel in Abb. X.6 illustriert werden. Die partiellen Determinationen beschreiben die Häufigkeit des Auftretens einer Situation (z.B. "A,B") unter der Voraussetzung, daß eine andere Situation (z.B. "A") bereits eingetreten ist. Wird die aktuelle Situation geändert, z.B. dadurch, daß ein neues Symptom erhoben wird, so wird die in dem Erfahrungsgraphen repräsentierte statistische Information dazu verwendet, denjenigen Fall herauszufinden, der auf Basis früherer Erfahrung am besten geeignet ist, die gegebene Situation zu erklären. Dieser Fall wird mit Hilfe eines heuristischen Suchverfahrens bestimmt.

Eine weitere Verwendung des Erfahrungsgraphen besteht darin, Aussagen darüber zu machen, welche Symptomwerte durch eine gegebene Situation partiell determiniert werden können. Dies geht als Heuristik in die Auswahl des als nächstes zu bestimmenden Symptoms ein.

X.2.2.4 Synthese aus Ähnlichkeit und Erfahrung

Für einen gegebenen Fall induziert das Ähnlichkeitsmaß eine totale Ordnung auf der Menge der bereits bekannten Fälle. Wird dabei von keinem Fall die Eingangsevidenz überschritten, so bricht das PATDEX-System den Diagnoselauf mit der Bemerkung ab, daß ausgehend von der gegebenen Fallbasis kein ähnlicher Fall bestimmt werden kann.

Wird dagegen von bestimmten Fällen die Eingangsevidenz überschritten, so bekommt der Kandidat des Erfahrungsgraphen bei der Ähnlichkeitsberechnung einen Bonus, der auf der partiellen Determiniertheit seiner Symptomwerte durch die gegebene Situation basiert. Hierzu wird die Menge der Symptomkategorien dergestalt erweitert (siehe Tab. X.3), daß an sich unbekannte Symptome, die durch die aktuell gegebene Situation mit Determinationsfaktor δ_E partiell determiniert werden, bei der Ähnlichkeitsberechnung mit δ_E gewichtet werden (im Gegensatz zu -1/2). δ_E ist somit ein beliebiger Wert aus [0;1] und insbesondere für jeden Erfahrungskandidaten bzw. jedes unbekannte Symptom eines gegebenen Erfahrungskandidaten unterschiedlich.

Symptomkategorie	Beschreibung	Gewichtung
Kategorie der partiell determinierten Symptomwerte (mit Determinationsfaktor δ_E)	Das Symptom wurde in der aktuellen Diagnosesituation noch nicht erhoben, kann aber im Erfahrungsgraphen E aus bereits bekannten Symptomwerten partiell determiniert werden	δ_E

Tab. X.3 - Erweiterung der Ähnlichkeitskategorie

Eine Veranschaulichung der Synthese von Ähnlichkeitsmaß und Determinationsfaktoren findet sich in folgendem Schaubild:

Der aktuelle Kandidat wird nun auf der Basis folgender Heuristiken bestimmt:

- Abstand zwischen der Diagnoseschwelle σ und dem jeweiligen Wert des Ähnlichkeitsmaßes
- Erforderlicher Aufwand zur Erhebung aller unbekannten Symptome des jeweiligen Falles
- Mögliche (negative) Konsequenzen einer falschen Diagnose auf Basis des jeweiligen Diagnosefalles
- Relative Häufigkeit eines jeden Falles
- Häufigkeit, mit der ein Diagnosefall (erfolgreich) als Hypothese ausgewählt wurde.

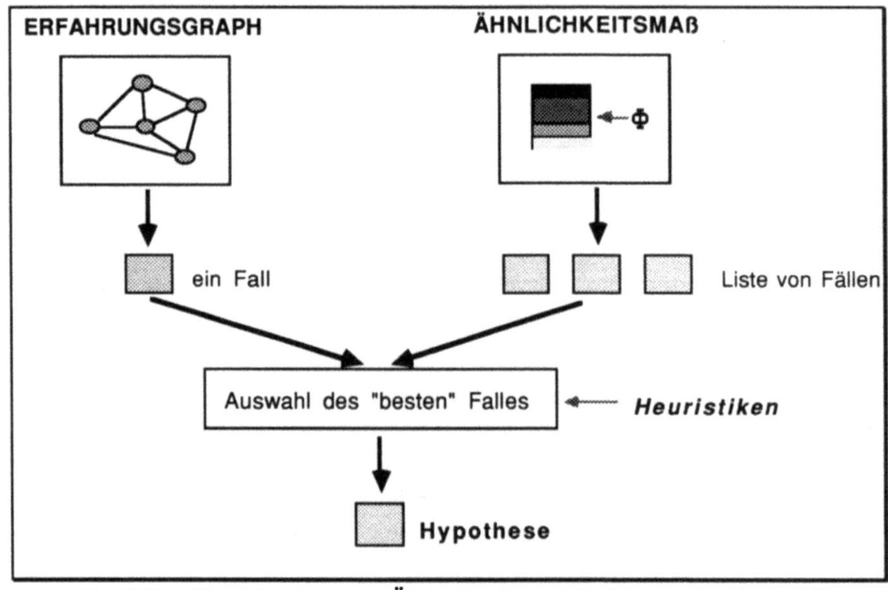

Abb. X.7 – Kombination von Ähnlichkeit und Erfahrung in PATDEX

X.3 Das System GenRule[1]

GenRule ist die Offline-Lernkomponente der MOLTKE-Werkbank (vgl. Abb. X.3). Mit Hilfe von GenRule kann eine MOLTKE-Wissensbasis verfeinert werden. Dazu werden die in einem hierarchischen konzeptuellen Speicher abgelegten Diagnosefälle analysiert und in partielle, d.h. heuristische, Abkürzungsregeln compiliert. GenRule benutzt dieses empirische Wissen, um die Anzahl der Fragen an den Benutzer so weit wie möglich zu reduzieren bzw. das Diagnoseverfahren des Basissystems an das vorhandene empirische Wissen anzupassen. Die grundsätzlichen Einflußmöglichkeiten von GenRule auf die Ablaufkomponente sind die folgenden:

- Über Abkürzungsregeln abgeleitete Symptomwerte verbessern den Klassifikationsprozeß des Basissystems, indem sie ihn entweder dadurch beschleunigen, daß weniger Symptome zu erheben sind, oder ihn (zumindest) transparenter machen, da sie ihn auf die gleiche Art und Weise unterteilen wie dies beim jeweiligen Servicetechniker der Fall ist.
- Das Basissystem blockiert alle Tests, die Symptome bestimmen, für die bereits mit einer Abkürzungsregel Werte abgeleitet worden sind.
- Die Abkürzungsregeln dienen zur Fokussierung der Strategie des Basissystems, das versucht, möglichst viele Abkürzungs-regeln zu feuern.

Das Ablaufsystem verarbeitet die durch die Abkürzungsregeln zur Verfügung stehende unsichere Information mit Hilfe von a priori und a posteriori Abschätzungen. Maßgeblich bestimmt wurde der zugrunde liegende

---

1   Maßgeblich an der Entwicklung von GenRule beteiligt waren [Traphöner 90], [Wernicke 90] und [Boecher 90].

Mechanismus durch zwei wesentliche Anforderungen aus der Domäne der CNC-Bearbeitungszentren:

- MOLTKE muß große Wissensmengen mit hinreichender Performanz verarbeiten können.
- Unsicheres Wissen muß situationsgemäß verwendet werden können, d.h. es muß möglich sein, die Unsicherheit der Diagnose in Beziehung zum Aufwand der (praktischen) Ergebnisvalidierung zu setzen.

Die Konsequenzen für die MOLTKE-Werkbank waren die folgenden:

- weitgehende Transparenz der unsicheren Anteile der Diagnose,
- einfache Repräsentation und Verarbeitung von Unsicherheiten,
- gezielte Validierungsmöglichkeiten,
- Beurteilung unsicherer Diagnosen seitens des Benutzers.

X.3.1 Beschreibungselemente

Grundlegend sind die Beschreibungselemente aus Kapitel I. Im folgenden werden die wichtigsten zusätzlichen oder verändert gebrauchten Objekte des GenRule-Systems erläutert:

Abkürzungsregel Sie dient zur Nachbildung des in der Motivation beschriebenen Expertenverhaltens. GenRule lernt heuristische Abkürzungsregeln aus Diagnosefällen. Eine Abkürzungsregel ist dabei das Compilat eines analogen Schlusses. Zu jeder Abkürzungsregel gehören drei verschiedene Determinationsfaktoren, die eine Abschätzung für den Grad der Unsicherheit der Regel liefern, und zwar in Abhängigkeit von den Annahmen hinsichtlich der in einem Diagnoselauf erzielten Diagnose.

Ähnlichkeit In diesem Zusammenhang eine binäre Relation zwischen einem Diagnosefall und einem Diagnosepfad, die die Voraussetzung zur Generierung von Abkürzungsregeln bildet.

Ähnlichkeitsmaß   Ein (ähnlicher) Diagnosepfad ist einem vorgelegten Diagnosefall umso ähnlicher (vor dem Hintergrund der Generierung "sinnvoller" Abkürzungsregeln), je "kürzer" der Diagnosepfad ist.

Minimaler Diagnosepfad Der kürzeste, einem vorgelegten Diagnosefall ähnliche Diagnosepfad (und damit der dem Diagnosefall ähnlichste Diagnosepfad).

Diagnosepfad   Ein "Weg" in einer MOLTKE-Wissensbasis zur Erreichung einer Diagnose, d.h. alle Symptome, die das MOLTKE-Basissystem erfragen würde, zusammen mit den entsprechenden Werten, um die jeweilige Diagnose zu etablieren.

Fehlerzusammenhang   Fehlerzusammenhänge sind Diagnosen, die nicht namentlich bekannt sind, sondern durch abstraktere Diagnosen zusammengefaßt werden. Diese abstrakten Diagnosen korrespondieren direkt zu Bauteilen, die im Rahmen der Abhilfemaßnahmen ausgetauscht werden. Somit dienen Fehlerzusammenhänge zur Unterscheidung der verschiedenen Zusammenhänge, in denen Diagnosen stehen können, die zu Bauteilen mit mehr als einer Aufgabe innerhalb der CNC-Maschine korrespondieren. Diese Bauteile können nämlich auf unterschiedliche Art und Weise Fehlverhalten bewirken (Beispiel: I/O-Karte).

Generierung von Abkürzungsregeln Lernschritt von GenRule, wo auf der Grundlage einer Analogie zwischen einem Diagnosefall und einem Diagnosepfad Symptomwerte mit Hilfe von Abkürzungsregeln gelernt werden.

Verbesserung des Diagnoseverfahrens   Hauptaufgabe von GenRule, wo eine bestehende MOLTKE-Wissensbasis mit Hilfe von Diagnosefällen an das beim jeweiligen Servicetechniker beobachtete "abkürzungsorientierte" Diagnoseverhalten angepaßt wird. Der Grundmechanismus hierfür ist das Lernen von Symptomwerten aufgrund von Analogien zwischen Diagnosefällen und -pfaden.

Syntaktisch entspricht ein Diagnosepfad einem Diagnosefall. Formal wird er (analog zu Definition X.1) wie folgt definiert:

<u>X.4. Definition: Diagnosepfad</u>
Ein *Diagnosepfad* dp ist gegeben als ein Tripel (Name(dp); Sit(dp); D(dp)),
bestehend aus dem Namen des Diagnosepfads Name(dp), seiner Situation
Sit(dp) und der zugehörigen Diagnose D(dp).
Ein Diagnosepfad wird häufig mit seinem Namen identifiziert.

X.3.2 Funktionalität von GenRule

GenRule verwendet eine analogiebasierte Lernstrategie, um inkrementell die
zugrundeliegende Wissensbasis zu verbessern. Wie in Abb. X.8 dargelegt,
handelt es sich um eine Verallgemeinerung des aus der Literatur bekannten
erklärungsbasierten Lernens. GenRule benutzt nämlich die vorgelegten
Beispiele (also die Fälle) nicht ausschließlich zur Fokussierung des Lernverfahrens, sondern auch zur Ergänzung der Hintergrundtheorie, d.h. der
zugrunde liegenden MOLTKE-Wissensbasis. Hierzu lernt GenRule, über
Analogien zwischen Diagnosefällen und -pfaden, aus gegebenen Symptomwerten neue abzuleiten. Ziel dabei ist es, das aktuell existierende Diagnoseverfahren so zu verbessern, daß möglichst wenig Symptome vom Benutzer erfragt werden müssen. Entsprechend läßt sich das Zielkonzept des Lernverfahrens mit "Verbessern des Diagnoseverfahrens" beschreiben.

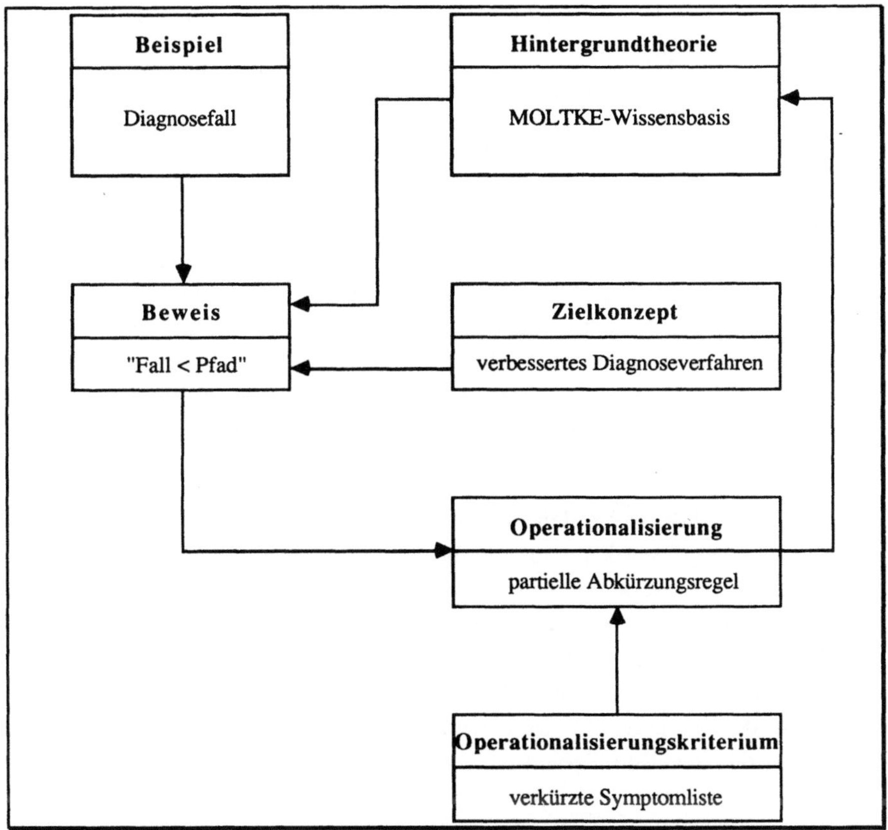

Abbildung X.8 – Das grundsätzliche Verfahren in GenRule

Aus der Sicht des erklärungsbasierten Lernens wird die Rolle der Hintergrundtheorie von der MOLTKE-Wissensbasis übernommen, die in diesem Zusammenhang als redundant und/oder nicht transparent anzusehen ist. Das bedeutet, daß häufig zu viele Symptome erfragt bzw. in einer schlecht nachvollziehbaren Reihenfolge erhoben werden. GenRule generiert nun partielle, d.h. heuristische, Abkürzungsregeln, die zum einen die vorhandenen Redundanzen beseitigen, zum anderen dem Basissystem die Möglichkeit geben, das gleiche abkürzungsorientierte Diagnoseverfahren anzuwenden, wie dies in der Motivation in Absschnitt X.1 dargelegt wurde.

Als Beispiele verwendet GenRule Diagnosefälle des (jeweiligen) Service-technikers. Ein Diagnosefall ist dabei ein positives Beispiel, wenn bewiesen werden kann, daß er das Diagnoseverfahren verbessert, d.h. es muß möglich sein, mit seiner Hilfe das Diagnoseverfahren abzukürzen. Hierzu wird der vorgelegte Diagnosefall mit dem ihm "ähnlichsten" Diagnosepfad verglichen. Der Diagnosepfad ist dabei dem Diagnosefall ähnlich, wenn er die gleiche Diagnose hat, im gleichen Fehlerzusammenhang dieser Diagnose steht und zudem alle Symptomwerte des Falles beinhaltet. Ein solcher Diagnosepfad ist dem Diagnosefall umso "ähnlicher", je "kürzer" er ist. Jeweils kürzeste Diagnosepfade heißen dabei "minimal". Auf der Grundlage der durch dieses Ähnlichkeitsmaß modellierten Analogie versucht GenRule, "Symptomwerte zu lernen". Dazu muß der vorgelegte Diagnosefall "echt kürzer" als der mit ihm verglichene Diagnosepfad sein, d.h. der Diagnosepfad muß außer den Symptomwerten des Falles noch weitere Werte enthalten.

Ist dies alles erfüllt, so handelt es sich bei dem Diagnosefall um ein positives Beispiel. "Gelernt" werden dann alle die Symptomwerte, die der Diagnosepfad enthält, der Diagnosefall aber nicht. Voraussetzung für diesen Lernschritt ist, daß die Diagnose und die Situation des vorgelegten Diagnosefalles erfüllt sind. Das Lernergebnis ist je "gelerntem" Symptomwert eine partielle Abkürzungs-regel. Die linke Seite einer derartigen Regel wird dabei auf der Grundlage der Situation des vorgelegten Diagnosefalles gebildet. Die rechte Seite ist sozusagen der jeweilige "gelernte" Symptomwert des ähnlichsten Diagnose-pfades.

Handelt es sich allerdings bei dem Diagnosefall um ein negatives Beispiel, d.h. schlägt der (Abkürzungs-)Beweis fehl, so verwendet GenRule den Fall ledig-lich zur Aktualisierung der Determinationsfaktoren der bereits gelernten Abkürzungsregeln, da es mit den ihm zur Verfügung stehenden Möglichkeiten, jedenfalls soweit sie hier beschrieben werden, aus dem vorliegenden Fall darüber hinaus nichts lernen kann.

Der interessierende Detaillierungsgrad des Lernverfahrens ist das Ableiten von Symptomwerten bzw. das Ausschließen von Symptomtests. Als Opera-tionalisierungskriterium ergeben sich somit die im vorgelegten Diagnosefall vorkommenden Symptomwerte.

Angewendet wird das Lernergebnis durch die Integration der gelernten partiellen Abkürzungsregeln ins MOLTKE-Basissystem. Sie werden zur Regelmenge des jeweiligen Kontextes hinzugefügt. Da derartige Regeln das Diagnoseverfahren des Basissystems allerdings umso mehr verbessern, je häufiger sie zu korrekten Abkürzungen führen und je nachvollziehbarer die Art und Weise ist, wie diese Abkürzungen erzielt wurden, stellt GenRule dem Basissystem nur dann Abkürzungsregeln zur Verfügung, wenn diese einen gewissen Determinationsfaktor nicht unterschreiten. D.h. die in dem Determinationsfaktor akkumulierte statistische Information dient zur Bewertung der von GenRule gelernten Regeln. Darüber hinaus ermöglicht die explizite Repräsentation des Lernergebnisses in Form von Abkürzungsregeln eine einfache Rücknahme von inkorrekten Abkürzungen durch den Benutzer, da die Klassifikationsfähigkeit des Basissystems über die Kontextvorbedingungen unangetastet bleibt.

Um die generierten Abkürzungsregeln möglichst anwendbar zu machen, berechnet GenRule verschiedene Determinationsfaktoren, die die Sicherheit der Aussage einer Abkürzungsregel in Abhängigkeit von unterschiedlichen Grundgesamtheiten von Diagnosefällen beschreiben. Diese Grundgesamtheiten hängen direkt von den Annahmen hinsichtlich der in einem Diagnoselauf erzielten Diagnose ab. Werden keinerlei Annahmen diesbezüglich gemacht, so ergibt sich eine sehr vorsichtige (schlechte) Abschätzung. Wird dagegen davon ausgegangen, daß dies die gleiche Diagnose D_i ist, die der Regelgenerierung zugrunde lag[1], dann ergibt sich eine sehr optimistische Abschätzung, da dies häufig nicht der Fall sein wird. Ausgehend von den Determinationsfaktoren für diese beiden Grundgesamtheiten werden die Faktoren für alle anderen Diagnosen über lineare Interpolation ermittelt. Dies ist zum einen sehr effizient machbar, zum anderen hinsichtlich der dabei erzielbaren Genauigkeit ausreichend. Alle Faktoren werden auf der Basis von Definition I.9 berechnet.

Um die Verarbeitung unsicheren Wissens möglichst einfach und transparent zu gestalten, werden vom Basissystem zur Laufzeit keine Sicherheitsfaktoren im eigentlichen Sinne berechnet. Der Benutzer bestimmt die maximal erlaubte Unsicherheit der Abkürzungsregeln. Darüber hinaus legt er fest, wie viele

---

[1]   d.h. Diagnosefälle und -pfad beinhalteten D_i

partielle Abkürzungsregeln in einer Diagnosesitzung feuern bzw. wie viele mit partiellen Abkürzungsregeln abgeleitete (unsichere) Symptomwerte dazu verwendet werden dürfen, um (totale oder partielle) Abkürzungsregeln zu feuern.

Wird eine Diagnose ausgegeben, so wird der Benutzer darüber informiert, daß unsichere Symptomwerte zu ihrer Etablierung verwendet worden sind. Er kann sich dann dafür entscheiden, die gegebene Diagnose zu akzeptieren, die unsicheren Symptomwerte zu verifizieren, vorhandene Symptomwerte zu ändern bzw. weitere Symptomwerte einzugeben. Mit Hilfe des in Abschnitt VII.4.3 beschriebenen Verfahrens kann das Basissystem sämtliche hier angeführten Aktionen sehr effizient durchführen.

XI Dynamische und temporale Aspekte von Diagnosesituationen

XI.1 Klassifikation

Bei der Mehrzahl existierender Diagnoseexpertensysteme wird das Schwergewicht auf die Repräsentation des statischen Expertenwissens über Symptome, Untersuchungen und Diagnosen gelegt. Dabei liegt die Annahme zugrunde, daß nach Auftreten des Fehlverhaltens der Zustand des Systems zu einem einzigen Zeitpunkt erfaßt und die Diagnose auf der Basis einer Auswertung dieser statischen Beschreibung bestimmt wird. Obwohl dieser Ansatz in vielen Fällen gerechtfertigt ist, wurden, aufgrund der in der Literatur über technische Expertsysteme vielfach geäußerten Kritik an der unzureichenden Repräsentation der Zeit, im Rahmen von MOLTKE auch die zeitlichen Aspekte der Diagnosesituation genauer untersucht. Auch die einschlägige Literatur aus dem Maschinenbaubereich (z.B. [Weck 85]) nennt zeitliche Messungen als Informationsquelle für den Diagnoseprozeß.

Im Zuge dieser Untersuchung ließen sich drei unterschiedliche zeitliche Aspekte allgemeiner Diagnosesituationen identifizieren, deren Relevanz für den Anwendungsbereich von MOLTKE im folgenden bewertet wird.

XI.1.1 Zeit als Kostenfaktor

Aus Anwendersicht ist Diagnose kein Endzweck, sondern dient der Wiederherstellung der vollen Einsatzfähigkeit der Maschine. Jede Verbesserung des Diagnoseprozesses (insbesondere jede Beschleunigung) verringert die Stillstandzeiten und damit die Ausfallkosten. Im Sinne einer ökonomischen Produktionsplanung wird der Diagnoseprozeß nur solange fortgesetzt, wie die durch zusätzliche Informationen zu erwartenden Einsparungen den Aufwand für die Untersuchungen aufwiegen.

Im Bereich der CNC-Diagnose sind solche strategischen Entscheidungen jedoch nach den Ergebnissen der Wissensakquisition unüblich, da angesichts der vergleichsweise vernachlässigbaren Kosten der Untersuchungen der Erhalt des teuren Investitionsgutes riskante Experimente verbietet (praktisch immer kann eine suboptimale Reparatur weit höhere Folgekosten verursachen als eine Verlängerung der Diagnose). Tatsächlich erhält der Kostenfaktor Zeit seine Bedeutung dort, wo notwendige Arbeiten nicht eliminiert, sondern ohne Verlust der Exaktheit beschleunigt werden können. Das primäre Beispiel ist die Beurteilung des vorliegenden Störfalls aufgrund früherer Erfahrungen mit ähnlichen Situationen. Wegen der hohen Fluktuation bei den Servicetechnikern kennt jeder *einzelne* Techniker im allgemeinen nur einen kleinen Teil der möglichen Störungen aus eigener Erfahrung. Es kommt daher durchaus häufig vor, daß ein Techniker mit einer für ihn neuen Situation konfrontiert wird. Zeitverluste durch Rücksprache mit dem Werk oder mit Kollegen können eliminiert werden, wenn der Techniker jederzeit direkten Zugang zum gesammelten Erfahrungswissen *aller* seiner Kollegen hat. Als Konsequenz für MOLTKE ergibt sich, daß einer fallbasierten Orientierung des Diagnoseprozesses wie in PATDEX (vgl.Kap. X) der Vorzug gegenüber der Integration einer strategischen Diagnoseplanungskomponente gegeben wird.

XI.1.2 Zustandsverändernde Aktionen

In den Fehlersuchlaufplänen (vgl. Kap. V) finden sich an mehreren Stellen Hinweise auf Reparaturhandlungen, denen weitere Diagnoseanweisungen folgen. Zum Teil dienen diese Aktionen der Bestätigung bzw. dem Ausschluß von Hypothesen und erfolgen tatsächlich inmitten des Diagnoseprozesses, zum Teil stellen die nachfolgenden Diagnoseanweisungen aber auch lediglich routinemäßige Funktionsprüfungen des neu eingebauten Bauteils dar, die zu keinerlei neuen Diagnosen führen. Im zweiten Fall können die Funktionsprüfungen als Bestandteil der Reparatur angesehen und aus der eigentlichen Diagnose ausgeklammert werden. Dagegen erweist sich der erste Fall als problematischer, da in der Regel ein Teil der vor dem Austausch gemessenen Größen anschließend andere Werte besitzt; damit ergeben sich alle bekannten Aspekte der Nichtmonotonie. In MOLTKE wird dieses Problem durch die Verwendung des Symptomnetzes gelöst, durch das jederzeit neue Symptomwerte propagiert und der Beweisstatus aller Fehlerformeln aktualisiert werden können. Dadurch kann das System in einem konsistenten Zustand mit den neuen Symptomwerten weiterarbeiten. Ein Rückgriff auf die alten Symptomwerte zu Vergleichszwecken ist dagegen nicht vorgesehen.

XI.1.3   Zeitlich verteilte Symptome (ZVS)

Viele existierenden Diagnosesysteme legen die stark vereinfachende Annahme zugrunde, daß das zu diagnostizierende Gerät ein statisches Verhalten aufweist. Wir gebrauchen den Begriff "statisch" hier in dem Sinne von [Leitch, Wiegand 89], die damit Systeme bezeichnen, deren Relation zwischen Eingabe- und Ausgabegrößen zeitlich konstant ist. Im Gegensatz dazu sind die meisten realen Geräte dynamisch, d.h. aufgrund von wechselnden internen Zuständen weisen diese Geräte ein komplexes Verhalten über die Zeit hinweg auf, das nicht nur von den gegenwärtigen Werten der Eingabegrößen, sondern auch von der Vorgeschichte abhängt. Auch CNC-Maschinen gehören zur letzteren Kategorie.

Was auf das normale Verhalten dynamischer Systeme zutrifft, gilt auch für ihre möglichen Fehlverhalten. Im allgemeinen Fall manifestieren sich Fehler in dynamischen Systemen als Verhaltensabweichungen, die sich *über einen Zeitabschnitt hinweg* entwickeln. Abhängig von ihrer zeitlichen Ausdehnung kann man drei Typen von Abweichungen unterscheiden:

- *Kurzfristige Abweichungen:* Diese Abweichungen ereignen sich in so kurzen Zeiträumen, daß eine Verfolgung des Signals mittels individueller Messungen nicht möglich ist. Anstelle dieser Phänomene (z.B. Vibrationen) werden bei der Diagnose üblicherweise ihre zeitlichen Abstraktionen (z.B. Frequenz) benutzt, die ihrerseits nicht mehr zeitabhängig sind.

- *Mittelfristige Abweichungen:* Die zeitliche Ausdehnung dieser Abweichungen liegt in einer Größenordnung, die es erlaubt, ein Vorkommen der Abweichung durch einzelne Messungen der beteiligten Größen nachzuweisen.
- *Langfristige Abweichungen:* Einige Fehlverhalten (z.B. Werkzeugverschleiß) entwickeln sich in Zeiträumen, die wesentlich länger sind als die Dauer einer Diagnosesitzung. Hier empfiehlt sich der Einsatz statistischer Methoden zur Fehlervermeidung.

Im weiteren Verlauf dieses Kapitels beschäftigen wir uns ausschließlich mit den mittelfristigen Abweichungen, die wir *zeitlich verteilte Symptome* (ZVS) nennen.

XI.2   Ein generisches Beispiel für ein ZVS

An einem ausführlichen Beispiel wollen wir nun die Behandlung von ZVS in MOLTKE aufzeigen.

Eine mögliche Ursache für eine undefinierte Position des Werkzeugmagazins ist ein Defekt der Endschalter. Diese Ursache kann ausgeschlossen werden, wenn die beiden Statusmelder IN29 und IN30 die folgenden Verläufe zeigen: anfangs sind IN29 und IN30 gleich 1, danach wechselt erst IN29, danach IN30 auf 0. Anschließend kehrt erst IN30, danach IN29 auf 1 zurück.

Eine erste Analyse ergibt folgende Punkte:

- Der Nachweis eines Vorkommens des ZVS ist nur möglich, indem die Werte der beteiligten Größen (die Statusmelder IN29 und IN30) mehrmals zu verschiedenen Zeitpunkten gemessen werden. Die sonst in MOLTKE vorherrschende statische Erfassung von Meßwerten, bei denen der Wert einer Größe höchstens einmal gemessen wird, ist in diesem Fall also unzureichend.
- Es kommt nicht nur auf die Gesamtheit der vorzunehmenden Messungen an, sondern auch auf ihre genaue zeitliche

Reihenfolge; dagegen spielt metrische Information (der Abstand zwischen den Messungen) keine Rolle.

- Das ZVS ist die Vorbedingungen einer Diagnoseregel, deren Konklusion im Beispiel der Ausschluß einer bestimmten Fehlerursache ist.

- Es ist muß überlegt werden, in welcher Weise die Meßwerte erhoben werden, um die gesuchten Zeitverläufe garantieren zu können. Die Erhebung der Meßwerte kann offenbar verschieden ökonomisch erfolgen, weil überflüssige Messungen denkbar sind.

Das Beispiel-ZVS läßt sich in einer Weise graphisch veranschaulichen, die für den Techniker unmittelbar einsichtig ist (Abb. XI.1).

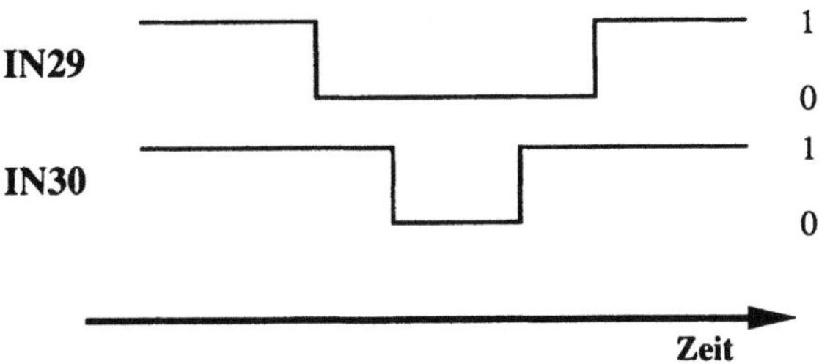

AbbildungXI.1 – Graphische Veranschaulichung des Beispiel-ZVS

Solange ein menschlicher Beobachter die Messungen vor der Eingabe interpretieren und vorverarbeiten kann, ist eine Repräsentation dieses Sachverhaltes durch eine Untersuchungsanweisung vertretbar. Der menschliche Beobachter wäre dann in der Lage, seine Messungen zeitlich so anzuordnen, daß über das Vorliegen der fraglichen Werteverläufe entschieden werden kann. Bei komplizierteren Verläufen ist diese Planung jedoch keineswegs trivial. Um Fehler in der Bestimmung der Messungsfolge auszuschließen und, wie geplant, in einem weitergehenden Schritt einen Teil der Messungen von Sensoren übernehmen und rein maschinell auswerten zu lassen, werden ZVS in MOLTKE auf rein deklarative Weise spezifiziert. Insgesamt benötigt man:

- eine Beschreibungssprache für ZVS, d.h. für Ausschnitte des dynamischen Systemverhaltens, die als ganzes charakteristisch für bestimmte Fehler sind;

- eine Definition der Bedingungen, unter denen eine Folge von Messungen als Nachweis des Vorkommens eines ZVS (spezifiziert in der Beschreibungssprache) gelten kann;
- einen Algorithmus, der diese Definition operationalisiert und die dazu erforderlichen Messungen plant (in Analogie zum herkömmlichen Matchen von nicht-zeitabhängigen Meßergebnissen gegen Regelvorbedingungen nennen wir diese Operation *temporales Matchen*);
- eine Einbettung des Algorithmus und der Repräsentationssprache in den konzeptuellen Rahmen von MOLTKE.

Wir werden jeden dieser Punkte in den folgenden Abschnitten näher untersuchen.

XI.3 Repräsentation

Obwohl die graphische Darstellung in Abb. XI.1 für den menschlichen Betrachter unmittelbar verständlich ist, eignet sie sich kaum für die algorithmische Manipulation. Wir wählen daher eine andere Repräsentation für ZVS, die sich stärker an den Operationen orientiert, die wir im temporalen Matching-Algorithmus darauf ausführen wollen.

Das Vokabular, aus dem sich ZVS-Beschreibungen zusammensetzen, umfaßt folgende hier informell definierte Begriffe:

Intervall   ein symbolisches Zeitintervall im Sinne von Kap. 1

Intervallrelation   Disjunktion von einigen der 13 primitiven Allen'schen Intervallrelationen (vgl. Kap. 1)

Meßgröße	meßbare Größe, die einen Ausschnitt des Maschinenzustandes widerspiegelt; wir benutzen den Begriff "Meßgröße" im Gegensatz zu "Symptom", wenn wir ausdrücken wollen, daß die Werte der Größe zeitlich veränderlich sind.
dom(q)	Wertebereich der Meßgröße q; Werte sind stets diskret, d.h. im Falle kontinuierlicher Meßgrößen werden ersatzweise qualitative Werte verwendet.
Episode	ein Paar $\langle I,v \rangle$, wobei I ein Intervall und v ein Wert aus dem Wertebereich einer Meßgröße ist; Interpretation: die Meßgröße besitzt während des gesamten Intervals I den Wert v.
Historie	eine Folge von nicht-überlappenden Episoden, bei denen keine zwei aufeinanderfolgenden Episoden den gleichen Wert besitzen (die Episoden sind *maximal*); Interpretation: Werteverlauf einer Meßgröße während eines Ausschnitts des Systemverhaltens

Damit können wir nun formal definieren:

<u>Definition XI.1: ZVS-Beschreibung</u>

Eine ZVS-Beschreibung ist ein Tripel $\langle Q,H,C \rangle$, wobei
- Q eine endliche Menge von Meßgrößen,
- $H = \{ H_q \mid q \in Q \}$ eine Menge von Historien,
- $C = \{ C(E,E') \mid E, E'$ Episoden von Historien in H $\}$; jedes $C(E,E')$ ist eine Menge von Intervallrelationen, die angibt, wie das Intervall der Episode E zu dem von E' liegen darf.

Tatsächlich sind die Relationenmengen in C aus Komplexitätsgründen noch weiter auf die in [Nökel 90] behandelten konvexen Relationen eingeschränkt.

In unserem Beispiel haben wir es mit zwei Meßgrößen (IN29 und IN30) und dementsprechend mit zwei Historien zu tun, die aus je drei Episoden bestehen. Die Historie für IN29 ist

$$H_{IN29} = (E_1 = \langle I_1,1 \rangle,\ E_2 = \langle I_2,0 \rangle,\ E_3 = \langle I_3,1 \rangle),$$

entsprechend für IN30

$$H_{IN30} = (E_4 = \langle I_1,1 \rangle,\ E_5 = \langle I_2,0 \rangle,\ E_6 = \langle I_3,1 \rangle),$$

Die aus der verbalen und graphischen Beschreibung des Beispiels zu entnehmenden Relationen zwischen den Teilereignissen lassen sich mit Hilfe der Intervallrelationen formalisieren. Dabei ergeben sich zwei unterschiedliche Arten von Bedingungen: während die Relationen zwischen Episoden der gleichen Historie sicherstellen, daß die Episoden lückenlos und nicht-überlappend sind, drücken die Relationen zwischen Episoden unterschiedlicher Historien die relative Lage der Historien zueinander aus (Synchronisationsbedingungen). Zur ersten Gruppe gehören beispielsweise die Relationen

$$C(E_1,E_2) = C(E_2,E_3) = C(E_4,E_5) = C(E_5,E_6) = \{m\}\ I_2;\ I_2\ \{m\}\ I_3.$$

Beispielhaft für Synchronisationsbedingungen sind die Relationen

$$C(E_1,E_4) = \{s,\ o,\ d\},\ C(E_4,E_2) = C(E_2,E_6) = \{o\}\ \text{etc.}$$

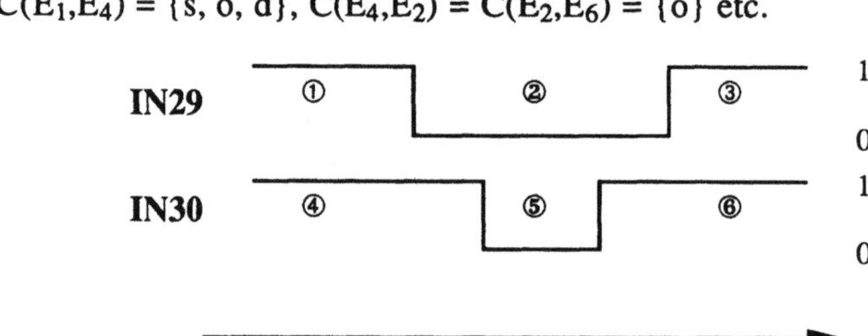

von \ nach	1	2	3	4	5	6
1	=	m	<	o, s, d	<	<
2	mi	=	m	oi	di	o
3	>	mi	=	>	>	d, f, oi
4	di, si, oi	o	<	=	m	<
5	>	d	<	mi	=	m
6	>	oi	o, fi, di	>	mi	=

Abbildung XI.2 – Das vollständige Zeitnetz für das Beispiel-ZVS in Tabellenform. Die Episoden sind zur leichteren Referenzierung wie im Diagramm gezeigt durchnumeriert.

Die vollständige Definition der Bedingungsmenge C ergibt sich aus Abb. XI.2. Als erstes fällt hier eine Präzisierung der graphischen Darstellung auf: Sie suggeriert die durch den Text nicht gestützte Vorstellung, daß E_1 und E_4 zum gleichen Zeitpunkt anfangen und E_3 und E_6 zum gleichen Zeitpunkt aufhören; die Synchronisationsbedingung $C(E_1,E_4)$ erlaubt hier jedoch jede der möglichen Anordnungen für die Anfangspunkte der Episodenintervalle (analog für E_3 und E_6). Zum zweiten kann man dann aber wieder feststellen, daß die Bedingungen redundant sind. Es genügt nämlich, von den Synchronisationsbedingungen nur $C(E_4,E_2) = C(E_2,E_6) = \{o\}$ zu fordern; der Rest folgt daraus nach Allen's Kalkül der Propagierung von Intervallrelationen, wie man sich auch inhaltlich leicht klarmachen kann.

XI.4 Temporales Matching: Funktionale Beschreibung und Definition

Der Nachweis des Vorkommens eines vorgegebenen ZVS erfolgt durch gezielte Beobachtung der beteiligten Meßgrößen. Hierbei sind die folgenden beiden Eigenschaften von Messungen in MOLTKE zu beachten, die die Definition des temporalen Matchings und den Entwurf des Algorithmus ganz wesentlich beeinflussen:

1)   Jede Messung stellt den Wert einer Meßgröße zu einem einzelnen *Zeitpunkt* fest, d.h. es erfolgt keine kontinuierliche Meßwerterfassung.

2)   Bedingt durch die diagnostische Vorgehensweise in MOLTKE, bei der Messungsvorschläge mit Meßaktionen alternieren, und durch die meßtechnischen Voraussetzungen können keine zwei Messungen zum gleichen Zeitpunkt vorgenommen werden.

3)   Die Meßwerterhebung erfolgt in MOLTKE nicht automatisch (wie etwa bei der Prozeßüberwachung), sondern muß explizit geplant und durchgeführt werden.

Stellen wir uns nun vor, daß wir ein Vorkommen eines gegebenen ZVS nachweisen wollen. Zunächst müssen wir definieren, was wir unter einem "Vorkommen" verstehen, da wir bisher über ZVS nur im Sinne von abstrakten Repräsentanten für eine unendliche Anzahl möglicher realer Ereignisse gesprochen haben.

Wir gehen von der Vorstellung aus, daß Zeit isomorph zu einer dichten, geordneten Menge ohne kleinstes oder größtes Element ist (z.B. die reellen Zahlen $\mathbb{R}$). Dann ist ein Vorkommen eines ZVS $\langle Q,H,C \rangle$ nichts anderes als eine Anordnung der Episodenintervalle aus H auf der reellen Zeitachse, die die Bedingungen in C respektiert.

<u>Definition XI.2: Vorkommen eines ZVS</u>
Ein Vorkommen eines ZVS $\langle Q,H,C \rangle$ ist eine Abbildung
        D: Menge der Episodenintervalle in H $\rightarrow$ Intervalle(R),
die C respektiert.

Abkürzend schreiben wir für D(I) auch $[I^-; I^+]$.

Wir müssen nun entscheiden, unter welchen Umständen wir eine Folge von Beobachtungen als Nachweis eines Vorkommens akzeptieren. Hier ergibt sich das fundamentale Problem, daß wir kein reellees Intervall mit einer endlichen

Folge von diskreten Messungen überdecken können. Wir können daher ohne zusätzliche Information nichts darüber aussagen, was zwischen aufeinanderfolgenden Beobachtungen passiert. Sofern jedoch die Beobachtungsfolge gewisse Anforderungen an ihre Dichte erfüllt, auf die wir gleich noch näher eingehen werden, kann man aus ihr dennoch einen gewissen Aufschluß über das gerade ablaufende Verhalten gewinnen. Selbst wenn wir definiert haben, wann eine komplette Folge von Messungen a posteriori einen Hinweis auf ein Vorkommen des gesuchten ZVS darstellt, fehlt uns zu einer praktisch verwertbaren Lösung aber noch ein Algorithmus, der diese Beobachtungsfolge plant.

Betrachten wir hierzu ein Beispiel. Wir nehmen an, wir seien an einem Nachweis des Beispiel-ZVS aus Abb. XI.1 interessiert und hätten gerade die Beobachtungen m_1, m_2, m_3 in Abb. XI.3 durchgeführt.

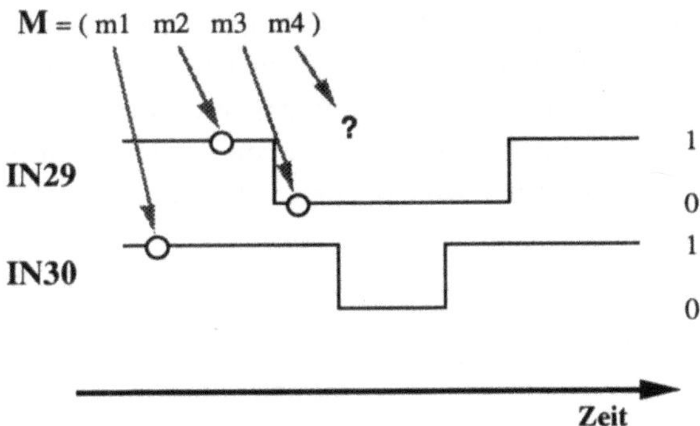

Abbildung XI.3 – Nachweis des Vorkommens eines ZVS durch eine Folge von Messungen

In dieser Situation sollte der Planungsalgorithmus den Vorschlag "messe IN30 und erwarte den Wert 1" (im Bild m_4) liefern, denn das wäre ein Hinweis dafür, daß die beiden 1-0-Übergänge in der korrekten Reihenfolge stattfänden.

Im Gegensatz dazu entscheidet der Vorgang des temporalen Matchens darüber, ob der tatsächlich beobachtete Wert (der ja nicht 1 sein muß), mit der ZVS-beschreibung kompatibel ist oder nicht. Nicht jede Abweichung von der Erwartung signalisiert automatisch einen Widerspruch. So könnte es durchaus vorkommen, daß wir im Falle von Abb. XI.3 gerade den Vorschlag m_3 mit erwartetem Wert 0 generiert, stattdessen jedoch 1 gemessen haben. Falls dies darauf zurückzuführen ist, daß wir lediglich nach m_2 nicht lange genug gewartet haben, so daß der Übergang noch nicht stattgefunden hat, sollten wir den Meßversuch einfach wiederholen, anstatt den Matchversuch abzubrechen. Abweichungen können aber auch das Resultat zu langen Wartens sein: wenn wir als Reaktion auf den Vorschlag von m_4 IN30 = 0 messen, haben wir unsere letzte Chance verpaßt, die Reihenfolge der beiden 1-0-Übergänge zu verifizieren. Man beachte jedoch, daß wir andererseits aber auch nicht sicher sein können, daß *kein* Vorkommen des ZVS vorliegt. Diese Unbestimmtheit, die sich – außer durch einen erneuten Matchversuch – auch nicht mehr nachträglich beheben läßt, ist typisch für temporales Matching.

Wir präzisieren nun zuerst den Matching-Anteil unseres Ansatzes, bevor wir im folgenden Abschnitt auf den Planungsaspekt zurückkommen.

Idealerweise würden wir ein Prädikat "matcht" auf Beobachtungsfolgen M und ZVS-Beschreibungen S definieren, so daß "matcht" auf genau die Paare von M und S zutrifft, bei denen eine Beobachtung von M ein Vorkommen von S impliziert. Mit anderen Worten: wenn wir die letztere Bedingung "M determiniert S" nennen, würden wir "M matcht S" gerne so definieren, daß die folgenden beiden Eigenschaften gelten:

Vollständigkeit:
$\forall$S $\forall$M: M determiniert S $\Rightarrow$ M matcht S.

Korrektheit:
$\forall$S $\forall$M: M matcht S $\Rightarrow$ M determiniert S.

Unglücklicherweise lassen sich diese Eigenschaften aufgrund der Schwäche diskreter Messungen nicht ohne zusätzliche Annahmen erfüllen. Alle diese Annahmen haben gemeinsam, daß sie die Signifikanz einer diskreten Messung auf ein den Meßzeitpunkt umgebendes Intervall ausdehnen. Denkbar sind etwa die folgenden Typen:

- *Interpolation:* Wenn an aufeinanderfolgenden Zeitpunkten t_1, ..., t_n Messungen erfolgen, eine Meßgröße an t_i und t_j, $i < j$, denselben Wert hat und zwischen diesen Zeitpunkten nicht gemessen wurde, dann war diese Meßgröße zwischen t_i und t_j auch konstant.
- *Granularität:* Es existiert eine von Null verschiedene untere Schranke für die Länge einer Episode.

- *Persistenz:* Im an die Messung anschließenden Intervall besteht eine (mit der Zeit abnehmende) Wahrscheinlichkeit dafür, daß sich der Werte der gemessenen Größe seit der Messung nicht verändert hat.
- *Manipulierbarkeit:* Exogene Größen, d.h. durch den Beobachter einstellbare Größen, verändern sich per definitionem nicht zwischen zwei Einstellaktionen.

Welcher Typ von Annahme vorausgesetzt werden kann, läßt sich nur im konkreten Einzelfall überprüfen. Für MOLTKE's Anwendungsbereich etwa legen wir die Granularitätsannahme zugrunde. Dazu schwächen wir die Bedingungen der Vollständigkeit und Korrektheit dergestalt ab, daß nicht über alle ZVS-Instanzen quantifiziert wird, sondern nur über die, deren Granularität hinreichend groß ist gegenüber dem Abstand der Messungen in der Beobachtungsfolge. In [Nökel 91] wird gezeigt, daß die folgende Definition von temporalem Matching im schwachen Sinne korrekt und vollständig ist.

Definition XI.3: temporales Matching

Eine Beobachtungsfolge $M=\{\langle q_i, t_i, v_i \rangle\}_{i=1,\ldots,n}$ matcht eine ZVS-Beschreibung $S=\langle Q,H,C \rangle$, wenn es eine Instanz D von S mit folgenden Eigenschaften gibt:

(i) Die Bildmenge von D ist identisch mit dem von M überdeckten Intervall.

(ii) $\forall \langle q, t, v \rangle \in M: \exists \langle I,v \rangle \in H_q: t \in [I^- ; I^+]$

(alle Messungen sind verträglich mit der ZVS-Beschreibung)

(iii) $\forall q \in Q: \forall \langle I, v \rangle \in H_q: \exists \langle q, t, v \rangle \in M: t \in [I^- ; I^+]$

(für jede Episode existiert mindestens eine Messung)

(iv) $\forall q, q' \in Q; \forall E = \langle I,v \rangle \in H_q, E' = \langle I',v' \rangle \in H_{q'}:$
$[C(E,E') \subseteq \text{UNBESTIMMT} \setminus \{<, m\}$
$\Rightarrow \exists \langle q, t, v \rangle, \langle q', t', v' \rangle \in M: I'^- \leq t' < t \leq I^+]$

(falls gemäß C die Episode E enden muß, nachdem E' begonnen hat, muß es eine Beobachtung für E zu einem Zeitpunkt <u>nach</u> der Beobachtung von E' geben.)

(v) $\forall q, q' \in Q: \forall E = \langle I,v \rangle \in H_q, E' = \langle I',v' \rangle \in H_{q'}:$
$[\exists \langle q, t, v \rangle, \langle q', t', v' \rangle \in M: I'^- \leq t' < t \leq I^+ \Rightarrow \neg\, C(E,E') \subseteq \{<, m\}]$

(falls es eine Beobachtung für E zu einem Zeitpunkt <u>nach</u> der Beobachtung von E' gibt, darf C nicht verlangen, daß E endet, bevor E' beginnt.)

Anhand dieser Definition können wir überprüfen, welche Beobachtungsfolgen unser Beispiel-ZVS matchen. Eine solche Folge ist in Abb.XI.4 dargestellt. Im nächsten Abschnitt wenden wir uns dann der Frage zu, wie sich matchende Folgen gezielt konstruieren lassen.

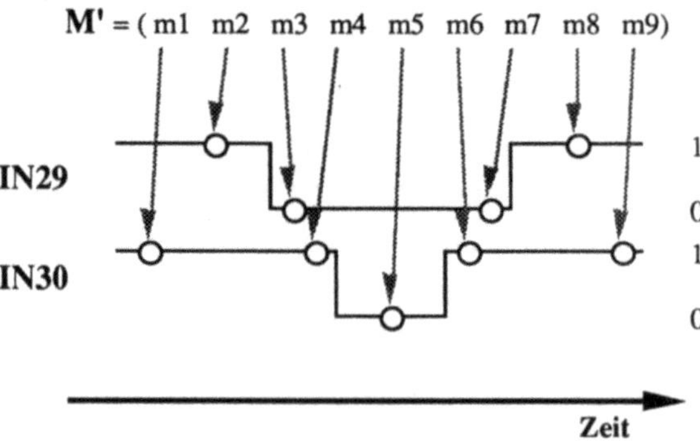

Abbildung XI.4 – Eine Beobachtungsfolge, die die Beispiel-ZVS matcht

XI.5   Ein Matching-Algorithmus

XI.5.1   Zielsetzung

Die vorangehende Definition XI.3 beantwortet die folgenden Fragen in einem formalen Sinn:

(1) Welche Beobachtungen müssen mindestens in der Folge von Messungen vorkommen, um ein Vorkommen (schwach) nachzuweisen?

(2) Welche Beobachtungen dürfen auf keinen Fall in einer Folge von Messungen vorkommen, die ein Vorkommen (schwach) nachweist?

Davon entkoppelt ist die Frage nach der Mindestdichte von Beobachtungsfolgen, die durch die jeweilige Persistenzannahme geregelt wird. Bei der

Operationalisierung von Definition XI.3 kommt es nun darauf an, auf der Basis der ZVS-Beschreibung und der bereits gemachten Beobachtungen die nächste(n) Messung(en) zu planen. Prinzipiell eignen sich unendlich viele verschiedene Beobachtungsfolgen zum Nachweis, zwischen ihnen bestehen jedoch pragmatische Unterschiede, die erst zum Planungsproblem führen.

So enthalten nicht alle geeigneten Folgen die gleiche Anzahl von Messungen. Unter der Annahme, daß jede einzelne Messung einen von Null verschiedenen Aufwand verursacht, ist man natürlich daran interessiert, die Zahl der Beobachtungen zu minimieren (im durch die Persistenzannahme gesetzten Rahmen).

Andererseits hängt die Wahl einer optimalen Beobachtungsfolge im allgemeinen auch davon ab, wie die Ergebnisse der ersten Messungen ausfallen. Dies begünstigt eine inkrementelle Vorgehensweise, bei der abwechselnd die nächste Messung vorgeschlagen und das tatsächliche Meßergebnis verarbeitet wird. Wie wir im nächsten Abschnitt zeigen, nimmt dadurch der temporale Matching-Algorithmus gewissermaßen die Form eines "Spezial-Diagnosesystems im Diagnosesystem" an.

XI.5.2 Kontrollfluß

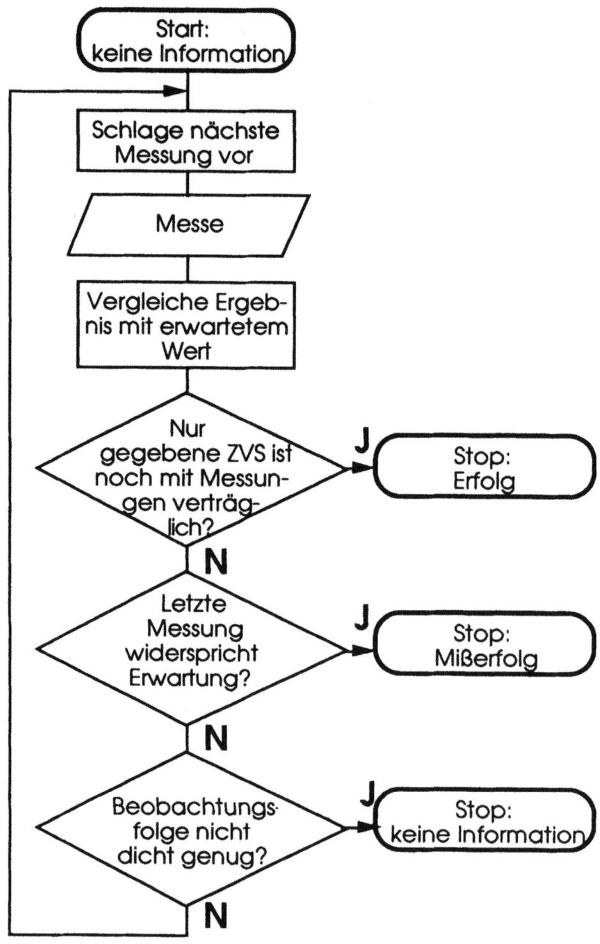

Abbildung XI.5 – Kontrollfluß des temporalen Matching-Algorithmus

Der Kontrollfluß des Matching-Algorithmus auf der höchsten Abstraktions-
stufe ist in Abb. XI.5 dargestellt. Die Eingabe des Algorithmus besteht aus der

Beschreibung des ZVS, das wir nachweisen wollen, in der Definition XI.1 entsprechenden Form. Die Folge von bereits durchgeführten Messungen ist zu Beginn leer. Wir durchlaufen nun eine aus drei Schritten bestehende Schleife. Zunächst berechnen wir eine Menge von Meßgrößen, von denen eine bei der nächsten Messung bestimmt werden sollte. Abhängig von der ZVS-Beschreibung kann diese Menge durchaus mehr als nur einen Vorschlag enthalten. Im zweiten Schritt, der nicht notwendigerweise unter Programmkontrolle ausgeführt wird, wird die eigentliche Meßaktion ausgeführt. Die Meßgröße, deren Wert dabei bestimmt wird, ist dabei in der Regel eine der vorgeschlagenen Größen; der Algorithmus ist aber in der Lage, auch Messungen anderer Größen zu verarbeiten, die beispielsweise zusätzlich vorgenommen werden, um die Beobachtungsfolge dicht zu halten. Schließlich werden der tatsächlich erhobene Meßwert mit dem erwarteten verglichen und der Nachweisstatus des ZVS entsprechend aktualisiert.

Mit jedem Durchlauf durch die Schleife reduziert sich die Menge der ZVS-Instanzen, mit denen die anwachsende Beobachtungsfolge verträglich ist. Die Schleife kann auf drei verschiedene Arten verlassen werden:

- *Erfolg:* Die Information aus der Beobachtungsfolge reicht jetzt aus, um ein Vorkommen des gegebenen ZVS schwach zu determinieren.
- *Mißerfolg:* Die letzte Messung widerspricht den aus der ZVS-Beschreibung abgeleiteten erwarteten Werten. Weitere Messungen können diesen Widerspruch nicht mehr nachträglich beseitigen.
- *keine Information:* Im dritten Fall, der typisch für temporales Matching ist, fehlt in der Beobachtungsfolge eine Messung, um die geforderten Intervallrelationen nachzuweisen. Auch hier besteht in der Regel keine Möglichkeit, das Versäumnis nachträglich auszugleichen, so daß ein positiver Nachweis des ZVS unmöglich ist. Andererseits liegt aber auch kein Widerspruch vor, somit kann ein Vorkommen des ZVS auch nicht mit Bestimmtheit ausgeschlossen werden. Dieser Fall hängt übrigens nicht von der Persistenzannahme ab, sondern tritt ein, wenn eine der in den Bedingungen (iii) und (iv) der Definition XI.3 geforderten Messungen fehlt und die

resultierende Beobachtungsfolge das ZVS nicht einmal schwach determinieren kann.

XI.5.3 Datenfluß

Komplementär zum Entwurf des Kontrollflusses müssen wir nun festlegen, welche Informationen beim temporalen Matching anfallen und wie sie am zweckmäßigsten organisiert werden können. Von zentraler Bedeutung ist dabei die Verwaltung des Nachweisstatus des ZVS: im Verlaufe des Matching-Prozesses werden die Bedingungen der Definition XI.3 "immer weitergehend" erfüllt. Der Nachweisstatus wird in jedem Teilschritt des Algorithmus benutzt:

- Zusammen mit der ZVS-Beschreibung bildet er die Basis für die Berechnung des nächsten Messungsvorschlags.
- Auf ähnliche Weise werden daraus die erwarteten Werte für die vorgeschlagenen Messungen bestimmt, mit denen dann im dritten Schritt die tatsächliche Beobachtung verglichen wird.
- Als Seiteneffekt des Vergleichs wird der Nachweisstatus selbst für den nächsten Schleifendurchlauf aktualisiert.

In Definition werden zum Nachweis eines ZVS im wesentlichen zwei Bedingungen gestellt:

(i) es müssen genau die in der ZVS-Beschreibung verlangten Episoden tatsächlich vorkommen,

(ii) die Episoden müssen die Intervallrelationen aus der ZVS-Beschreibung erfüllen.

Wir benutzen zwei verschiedene Datenstrukturen für diesen Zweck.

XI.5.3.1   Die Sweep-Line

Bedingung (i) läßt sich relativ einfach mittels der Sweep-Line-Technik überprüfen. Dabei stellen wir uns vor, daß die Menge aller Episoden aus der ZVS-Beschreibung zu jedem Zeitpunkt des Matching-Prozesses in drei Mengen partitioniert ist:

- `sleeping`: Episoden, für die bisher noch keine Beobachtung vorliegt;

- `open`: Episoden, die schon beobachtet wurden, deren Nachfolgerepisoden aber noch nicht beobachtet wurden;

- `closed`: direkte oder indirekte Vorgänger einer Episode in `open`.

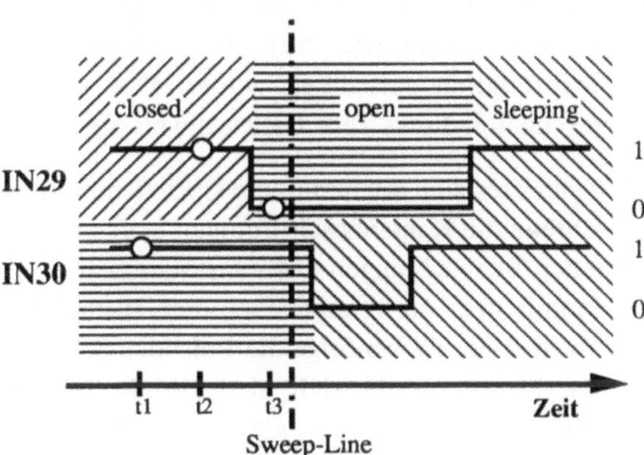

Abbildung XI.6 – Die Sweep-Line nach den ersten drei Messungen

Abb. XI.6 zeigt ein Beispiel. Am Anfang liegt die Sweep-Line links von allen Episoden, d.h. alle Episoden befinden sich in `sleeping`. Während des Matchings wird die Sweep-Line von links nach rechts über die ZVS-Beschreibung geschoben; so zeigt die Abbildung gerade die Lage der Sweep-Line nach den Beobachtungen $\langle IN30,t_1,1\rangle$, $\langle IN29,t_2,1\rangle$ und $\langle IN29,t_3,0\rangle$. Die Position der Sweep-Line wird jedesmal aktualisiert, wenn eine Beobachtung erstmals einer Episode aus `sleeping` zugeordnet wird: diese wechselt von `sleeping` nach `open`, ihre Vorgängerepisode von `open` nach `closed`. Im Erfolgsfall gelingt es, die Sweep-Line bis zum rechten Rand der ZVS-Beschreibung zu verschieben; dann ist `sleeping` leer, und alle Episoden sind beobachtet worden.

XI.5.3.2   Die Beobachtungsregel

Die Behandlung von (ii) gestaltet sich etwas schwieriger. Zu einem beliebigen Zeitpunkt während des Matching-Prozesses liegt bereits ein Teil der Beobachtungsfolge vor. Dadurch werden die Relationen zwischen den real vorkommenden Episoden partiell bestimmt. Zudem wächst die Information über diese Relationen mit jeder zusätzlichen Messung. Diese Situation entspricht exakt der abstrakten Aufgabenstellung, für die Allen's Intervallkalkül ursprünglich entwickelt wurde. Wir verwenden daher ein Zeitnetz zur Repräsentation dieses Teils des Nachweisstatus.

Die Knoten des Zeitnetzes sind wiederum die Episodenintervalle aus der ZVS-Beschreibung, während die Kantenbeschriftungen angeben, welche Relationen mit den gesammelten Beobachtungen noch verträglich sind. Zu Beginn haben wir keinerlei Kenntnis über die relative Lage der Historien zueinander. Wir wissen lediglich, in welcher Reihenfolge die Episoden jeder einzelnen Historie aufeinanderfolgen. Daraus ergibt sich, daß alle Kanten im Zeitnetz, die Episoden verschiedener Historien verbinden, mit UNBESTIMMT beschriftet sind. Kanten zwischen Episoden der gleichen Historie sind dagegen mit {m} oder {<} beschriftet. In jedem Schleifendurchlauf des Matching-Algorithmus ändern sich die Beschriftungen an einigen Kanten des Netzes, bis im Erfolgsfall schließlich alle Relationen Teilmengen der entsprechenden Relationen in der ZVS-Beschreibung sind. Dann ist sichergestellt, daß die durchgeführten Beobachtungen ausreichen, um die Relationen zwischen den Episoden mindestens so weit einzuschränken, wie in der ZVS-Beschreibung gefordert wird.

Wie aber wird das Zeitnetz in Abhängigkeit von der durchgeführten Beobachtung aktualisiert? Beim Vergleich einer Beobachtung mit der ZVS-Beschreibung wird im wesentlich eine Episode aus der entsprechenden Historie gesucht, die von ihrem Wert her zu der Beobachtung paßt und die noch nicht in `closed` liegt. Die Beobachtung wird dann mit dieser Episode assoziiert, d.h. es wird angenommen, daß die Beobachtung erfolgte, während sich diese Episode ereignete. Eine einzelne Assoziation enthält noch keine Information über Intervallrelationen (sie verändert allerdings ggf. schon die Lage der Sweep-Line). Sobald jedoch mehrere Assoziationen stattgefunden haben, lassen sich damit die Kantenbeschriftungen im Zeitnetz verschärfen. Nehmen wir dazu an, die bisherige Beobachtungsfolge enthalte die Beobachtungen $m_1 = \langle q_1,t_1,v_1 \rangle$ und $m_2 = \langle q_2,t_2,v_2 \rangle$ mit $t_1 < t_2$. Seien E_1 bzw. E_2 die damit assoziierten Episoden. Dann folgt unmittelbar, daß E_2 unmöglich enden kann, bevor E_1 beginnt, da ihr die spätere Beobachtung zugeordnet wurde. Übersetzt in die Sprache des Intervallkalküls heißt das, daß die Relation von E_2 nach E_1 weder "<" noch "m" sein kann. Vermöge der Transitivitätseigenschaften im Zeitnetz können wir u.U. als Folge auch noch andere Relationen verschärfen. Wir nennen diese Schlußregel die *Beobachtungsregel* (Abb. XI.7).

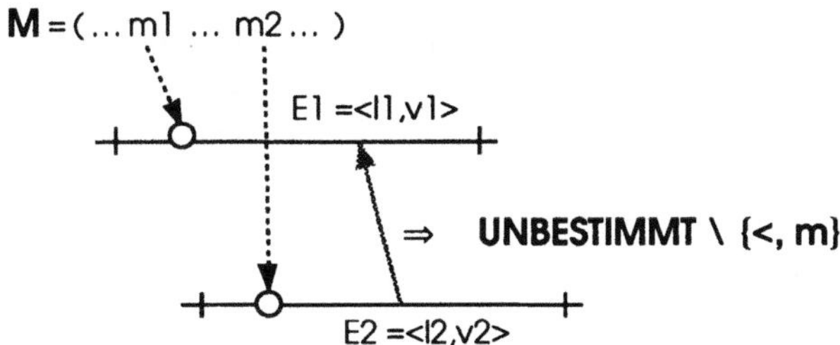

Abbildung XI.7 – Die Beobachtungsregel

Im Algorithmus wird die Beobachtungsregel in jedem Schleifendurchlauf für die aktuelle Messung in Verbindung mit jeder der bisherigen Messungen angewendet.

Die Implementierung des temporalen Matching-Algorithmus erfordern noch eine Reihe weiterer Detaillösungen, auf die jedoch im Rahmen dieses Buchs nicht näher eingegangen werden kann. Eine ausführliche Beschreibung – auch des Bezugs zu den konvexen Intervallrelationen – findet der Leser in [Nökel 91]. Ebenfalls wird dort auf eine Erweiterung der Definitionen XI.1 und XI.3 und des Algorithmus eingegangen, die die Repräsentation und Verarbeitung von quantitativen, zeitlichen Bedingungen (Schranken für die Episodenlängen) gestattet.

XI.6   Einbettung in MOLTKE

Wie eingangs erwähnt, werden ZVS-Beschreibungen in MOLTKE als Literale in Diagnoseformeln verwendet, um Abhängigkeiten eines Kontexts bzw. einer Diagnose von einem ZVS zu repräsentieren. Die konkrete Einbettung erfordert neben den in den vorangegangenen Abschnitten beschriebenen MOLTKE-unabhängigen Resultaten noch zusätzlich folgende Überlegungen:

1) Für die Mitbenutzung der normalen MOLTKE-Oberfläche – insbesondere der Browser – muß eine lineare, externe Syntax für ZVS-Beschreibungen entwickelt werden, die nach Möglichkeit mit der übrigen Syntax für Diagnoseformeln harmoniert.

2) Die Semantik eines ZVS in einer Diagnoseformel muß festgelegt werden.

3) Das Verhältnis zwischen ZVS und herkömmlichen, zeitunabhängigen Symptomen muß geklärt werden. Daraus resultiert die Entscheidung, an welcher Stelle der Architektur die zeitspezifische Behandlung erfolgen soll.

XI.6.1   Syntax

Der Entwurf der externen Syntax orientierte sich stark an dem Wunsch, einerseits mit den Möglichkeiten des vorhandenen Parsers auskommen zu wollen und andererseits die problemlose Übersetzung in die interne Darstellung, die Definition XI.1 entspricht, sicherzustellen. Abb. XI.8 zeigt die Spezifikation des Beispiel-ZVS in der gewählten Syntax.

```
((TNET
    (IN29 = 1 E1)  ⎤
    (IN29 = 0 E2)  ⎮
    (IN29 = 1 E3)  ⎬        A
    (IN30 = 1 E4)  ⎮
    (IN30 = 0 E5)  ⎭
    (IN30 = 1 E6)
    (E1 (m) E2)    ⎤
    (E2 (m) E3)    ⎮
    (E4 (m) E5)    ⎬        B
    (E5 (m) E6)    ⎮
    (E2 (oi) E4)   ⎭
    (E2 (o) E6)
))
```

Abbildung XI.8 – Spezifikation des Beispiel-ZVS in der externen Syntax

Die Spezifikation zerfällt in zwei Teile:

A die Deklaration der vorkommenden Episoden mit ihren Meßgrößen und Werten sowie Namen, die als Referenten im zweiten Teil der Spezifikation dienen;

B die Deklaration der zeitlichen Relationen zwischen den Episoden. Man beachte hierbei, daß nicht für jedes Paar von Episoden die Relation explizit deklariert zu werden braucht; wo keine Deklaration angegeben ist, wird die Intervallrelation durch Zeitpropagierung nach Allen (Kap. I) erschlossen.

Für die Zukunft wäre es wünschenswert, die textorientierte externe Syntax durch eine graphische Eingabe zu ersetzen, zumal hierdurch auch die Sicherheit des Benutzers gegen unbeabsichtigte Fehlspezifikationen durch direktere Rückmeldung erhöht würde. Allerdings treten dabei alle einschlägig bekannten Probleme einer übersichtlichen Darstellung stark vernetzter Graphen auf.

XI.6.2 Semantik

Zur Semantik von ZVS ist zu klären, was das Vorkommen eines ZVS in einer
Diagnoseformel inhaltlich bedeuten soll. Wir legen fest, daß damit die Aussage
"Eine Instanz des ZVS tritt während der Diagnosesitzung auf" gemeint sein
soll. Hieraus ergibt sich unmittelbar eine wichtige Konsequenz: da mit einer
endlichen Anzahl von Matching-Versuchen das Auftreten eines ZVS nie sicher
ausgeschlossen werden kann, ist mit dieser Semantik stets nur der Nachweis,
nicht aber der Ausschluß möglich. In einem Diagnoselauf kann ein ZVS daher
auch immer nur die Werte `unknown` oder `true` annehmen. Aus dem gleichen
Grund besitzen negierte Vorkommen von ZVS in Diagnoseformeln keine
sinnvolle Interpretation und werden nicht verwendet, da sie nie erfüllt werden
könnten.

XI.6.3 Architektur

ZVS sind spezielle Symptome, daher liegt es nahe, für ihren Nachweis die
gleichen Mechanismen wie für die Erhebung des Wertes eines
zeitunabhängigen Symptoms zu benutzen. MOLTKE vollzieht die konzeptuelle
Unterscheidung zwischen Symptomen und zugehörigen Untersuchungen (Kap.
I) auch auf der Architekturebene nach. Sobald der Wert eines Symptoms zur
Auswertung einer Diagnoseformel benötigt wird und noch nicht bestimmt
worden ist, wird einer seiner Tests ausgewählt und ausgeführt; wenn der Wert
jedoch schon aus einer früheren Untersuchung bekannt ist, unterbleibt ein
neuerlicher Test. Diese Strategie entspricht der statischen Sichtweise in
MOLTKE, bei der sich der Zustand der Maschine (und damit auch die
Symptomwerte) während der Diagnosesitzung nicht ändern.

Diese Eigenschaft gilt ebenfalls für ZVS als ganzes, sofern man die oben
definierte Semantik zugrundelegt, nicht jedoch für die Meßgrößen, aus deren
Historien sich die ZVS-Beschreibung zusammensetzt. Damit ist klar, daß die
Vorgehensweise für zeitunabhängige Symptome bis hinunter zur

Architekturebene der Symptome auch für ZVS übernommen werden kann. Dagegen erfordern Tests für ZVS eine Spezialbehandlung: sobald der Wert eines (bisher unbekannten) ZVS bestimmt werden soll, wird der temporale Matching-Algorithmus mit der Beschreibung des ZVS initialisiert. Danach übernimmt dieser die Rolle des Diagnoseprozesses, indem er Meßgrößen zur Beobachtung vorschlägt und die Meßergebnisse auswertet. Durch diesen Kunstgriff ist es möglich, Meßgrößen auch mehrmals zu verschiedenen Zeitpunkten zu beobachten, was nach MOLTKE's Strategie ausgeschlossen ist. Wenn der Matching-Algorithmus mit einem der in Abb. XI.5 dargestellten Ergebnisse abbricht, wird daraus vermöge der in Zuordnung in Abb.XI.9 der Wert des Symptoms im MOLTKE-Sinne abgeleitet.

Ergebnis des Matching-Algorithmus	Symptomwert
Erfolg	true
Mißerfolg	unknown
keine Information	unknown

Abbildung XI.9 – Zusammenhang zwischen dem Ergebnis des temporalen Matching-Algorithmus und dem Wert des MOLTKE-Symptoms

XII Bemerkungen zur Implementierung

XII.1 Generelle Bemerkungen

Die Implementierungen von Programmen der Künstlichen Intelligenz erfolgen gewöhnlich in sogenannten deklarativen Programmiersprachen; das trifft auch auf das MOLTKE-System zu. Deklarativ heißt dabei im wesentlichen, daß man nur bestimmte Dinge hinschreibt, die man für den betrachteten Sachverhalt für wesentlich hält, sich aber über die Umsetzung in Prozeduren keine oder nur wenige Gedanken machen muß. Man gibt z.B. die gewünschte Ein-/Ausgaberelation ein, und überläßt es dann bis zu einem gewissen Grade dem System, die Details durchzuführen. Dazu muß es dann genügend "Intelligenz" haben, dies auch tatsächlich zu bewerkstelligen. Insbesondere muß der Programmierer die Art und Reihenfolge der Abarbeitung (die "Problemlösung") nicht deterministisch festlegen. Der Preis für diesen Komfort ist dadurch zu bezahlen, daß man auch im selben Maße die Kontrolle über den tatsächlichen Ablauf des Programmes aufgibt, was sich unter Umständen in einem Effizienzverlust bemerkbar macht.

Die deklarative Programmierung unterscheidet sich in vielen Aspekten von der herkömmlichen prozeduralen Progammierung, man hat es eben mit einem anderen Programmierstil zu tun. Dieser Stil ist sicher vielen Anwendern fremd und es ist auch nicht Aufgabe dieses Buches, in die KI-Programmierung einzuführen. Aber auch ohne die genaue Kenntnis solcher Sprachen ist es möglich, die Programme bis zu einem gewissen Grade gut zu verstehen; das liegt eben gerade an ihrem deklarativen Charakter. Dies zu unterstützen ist der Sinn dieses Abschnittes.

Die Implementation von MOLTKE erfolgte in Smalltalk-80. Diese objektorientierte Sprache erlaubt deklarative wie auch prozedurale Elemente für das Programmieren. Zum Verständnis der Beschreibungen ist eine Kenntnis der Einzelheiten dieser Programmiersprache weitgehend unnötig. Man kann die Programmteile auch als teilformalisierte Beschreibungen von umgangssprachlichen Formulierungen dessen auffassen, was man eigentlich naiv ausdrücken will. Aus dieser Sicht ist gewissermaßen nur ein willkommener Zusatz, daß es sich schon um ein ablauffähiges Programm handelt.

Es kommt aus dieser Sicht auch nicht darauf an, die genaue Syntax von Smalltalk zu erklären. Diese ist, nebenbei bemerkt, gar nicht so furchtbar schwer; was Zeit zum Lernen erfordert ist nicht die grundsätzliche Ausdrucksweise, sondern es sind die vielen speziellen vordefinierten Elemente. Wir wollen an dieser Stelle die wichtigsten Ausdrucksweisen für den Nichtfachmann auf diesem Gebiet soweit erklären, daß man sich in den im Text eingestreuten Programmteilen einigermaßen zurecht finden kann.

XII.2 Datenstrukturen

Die Datenstrukturen in der deklarativen Programmierung können sehr vielfältig sein; darauf können wir hier im einzelnen nicht näher eingehen. Wir begnügen uns mit einigen Hinweisen zu einer für die KI bedeutsamen Datenstruktur, den *Frames*. Ein Frame hat, wie ein Record in Pascal, eine variable Anzahl von Argumentstellen, die *Slots* genannt werden und jeweils deklariert werden müssen. Ein Slot kann nun für Daten ganz verschiedener Art verwendet werden. Dies können Elemente eines Wertebereiches oder Variable dafür, strukturierte Werte, Bedingungen (sog. Constraints), Funktionen, Regeln oder auch Regelmengen sein; in voller Allgemeinheit kann ein Slot sogar wieder ein Frame enthalten. Bei den Funktionen sind zwei Typen von besonderer Bedeutung, die Dämonen heißen. Die eine Art heißt If-Needed-Dämonen; sie sind dadurch charakterisisiert, daß sie beim lesenden Zugriff (also der Eintrag gebraucht wird) berechnet werden. Die andere Art sind die If-Added-Dämonen, sie werden beim schreibenden Zugriff (also automatisch nach gewissen Einträgen) berechnet. Häufig ist ein Slot noch in *Fazetten* unterteilt, in denen dann erst die Argumente stehen. Dadurch können auf natürliche Weise komplexe Sachverhalte übersichtlich beschrieben werden. Ein Frame könnte so aussehen:

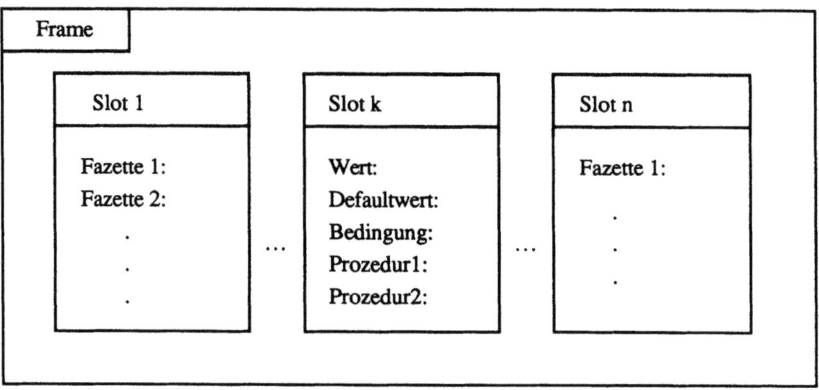

Abbildung XII.1 – Frame

Als Beispiel betrachten wir ein Frame für bestimmte Autos:

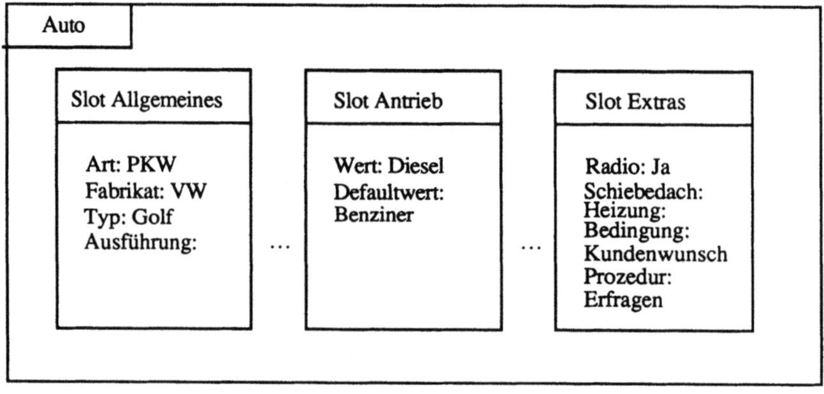

Abbildung XII.2 Frame Auto

Im Slot Allgemeines ist die Fazette Ausführung nicht gefüllt und im Slot Extras sind dies die Fazetten Heizung und Schiebedach nicht; hierüber wird also nichts ausgesagt. Als Defaultwert wird ein Benzinmotor angenommen, der hier aber überschrieben ist. Für Extras muß als Bedingung ein Kundenwunsch vorliegen; die vorgesehene Prozedur ist die Nachfrage beim Kunden. Eine Instanz wäre ein ganz spezielles Auto, wo dann alle Fazetten gefüllt sein müßten.

XII.3 Bemerkungen zur objektorientierten Programmierung

Smalltalk ist eine objektorientierte Sprache und so ist es angebracht, die Grundprinzipien der objektorientierten Programmierung vorzustellen. Hier lassen sich sowohl prozedurale wie auch deklarative Aspekte berücksichtigen.

Zentral ist zunächst der Begriff des *Objektes*. Objekte sind Informationseinheiten (die z.B. Frames sein können), die sowohl Daten (als Konstanten oder Werte von Variablen) wie auch Funktionen, die hier Methoden genannt werden, enthalten. Die Daten sind in einem lokalen Speicherbereich organisiert, der von außen weder zugänglich noch überhaupt einsehbar ist. Da es außer Objekten in dieser Welt nichts gibt, konstatieren wir:

Das Schreiben eines Programmes besteht im Definieren von Objekten!

Objekte können untereinander durch Austauschen von Nachrichten kommunizieren. Schickt ein Objekt an ein anderes eine Nachricht, so können dadurch beim Empfängerobjekt die Daten verändert werden. Da dies wiederum die einzige Möglichkeit des Datenflusses ist, halten wir fest:

Der Ablauf eines Programmes besteht im Austauschen von Nachrichten!

Das Kommunikationsmodell für die objektorientierte Programmierung ist nun durch drei wesentliche Prinzipien geprägt:

(1) Generische Objekte, Klassen und Instanzen;

(2) Hierarchien von Objekten und Vererbung;

(3) Information Hiding und Polymorphismus.

Diese Prinzipien sollen nun etwas erläutert werden.

<u>Zu (1)</u>: Objekte können zu einem Objekt zusammengefaßt werden. Das allgemeine Objekt heißt dann die *Klasse* der speziellen Objekte und letztere werden die *Instanzen* der Klasse (des sog. generischen Objektes) genannt. Bei den Frames entstehen Instanzen dadurch, daß noch leere Slots durch Daten gefüllt werden.

<u>Zu (2)</u>: Klassen können in einer (Baum-) Hierarchie angeordnet werden. Übergeordnete Klassen heißen Superklassen und untergeordnete Klassen heißen Subklassen. Eine Subklasse besitzt automatisch alle Variablen und Methoden jeder Superklasse, ohne daß diese extra angegeben werden müssen. Diese automatische Zuordnung wird *Vererbung* genannt. Die Vererbung entspricht eigentlich einer Regel: Wenn etwas für die Oberklasse gilt, dann auch für die Unterklasse. In einer umfangreichen Hierarchie können daher implizit sehr viele Regeln stecken. Dabei wird noch Rücksicht auf sogenannte "Ausnahmefälle" genommen; bei ihnen wird die vererbte Methode nicht direkt übernommen, sondern abgeändert ("überschrieben"). Diese Abänderungsmöglichkeit der strengen Vererbungsvorschrift ist in Smalltalk vorgesehen.

<u>Zu (3)</u>: Die Variablen eines Objektes sind anderen Objekten nicht bekannt, anders jedoch die Methoden. Aber auch von den Methoden ist nach außen nur der Name bekannt, nicht jedoch die Wirkungsweise, die im Objekt "versteckt" wird. Methoden mit gleichem Namen können also je nach Objekt eine ganz verschiedene Wirkungsweise haben. So kann etwa "Multiplikation" einmal die Multiplikation von Zahlen und einmal die von Matrizen bedeuten; dies nennt man *Polymorphismus*.

Die Grundlagen und Konzepte der objektorientierten Programmierung sind ausführlich in [Stefik, Bobrow 86] beschrieben.

XII.4 Smalltalk

In Smalltalk ist grundsätzlich alles ein Objekt. Komplexe Datenstrukturen wie Frames sind keine elementaren Objekte von Smalltalk, aber sie lassen sich leicht (natürlich wie alles als Objekte) deklarieren. Grundlage der Entwicklung ist die von Smalltalk-80 mitgelieferte Klassenhierarchie. Diese umfaßt eine große Anzahl bereits definierter Objekte einschließlich der zugehörigen Methoden. Dazu gehören u.a. ein Interpreter/Compiler, eine Windowoberfläche, ein Menüsystem und umfassende Debugginghilfen; hierauf wollen wir aber nicht weiter eingehen. Die Sprache Smalltalk-80 wird in [Goldberg, Robson 83] erläutert; eine ausführliche Einführung gibt [Pinson, Wiener 88]. Die Beschreibung der Programmierumgebung ist in [Goldberg 84] enthalten.

Ein für die Implementierung wichtiger Teil des Smalltalk-Systems ist dessen Variablenkonzept. In Smalltalk werden u.a. drei Arten von Variablen unterschieden:

- Klassenvariable

- Klassen-Instanzen-Variable

- Instanzenvariable

Diese unterscheiden sich nur durch ihren Gültigkeitsbereich. Der Inhalt einer Klassenvariable ist von allen Klassen- und Instanzenmethoden der Klasse und ihrer Subklasse direkt referenzier- und änderbar. Instanzenvariable können nur durch Instanzenmethoden verändert werden, sie sind im üblichen Sinn lokale Variablen. Ihr Wert muß für jede Instanz selbst gesetzt werden. Die Klassen-Instanzen-Variable (KIV) haben eine Zwitterstellung. Auf der einen Seite gilt ihr Wert für alle Instanzen einer Klasse. Auf der anderen Seite muß er für jede Subklasse selbst gesetzt werden (Konkret: KIV sind Instanzenvariable der Metaklasse einer Klasse). Diese Fähigkeit wird bei der Implementierung der Symptome in FOMEX ausgenutzt.

Wir wollen jetzt zwei Beispielprogramme vorstellen, die aus dem Text des Buches genommen sind, um zu sehen, wie wir ein solches Programm zu lesen und zu deuten haben.

Deklarativer Aspekt:

Wir betrachten ein Beispiel aus Kap. V:

```
MoltkeContext subcontext: #OrientierterSpindelstopAus

    precondition:          ' (= FehlerCode Code I64) '

    shortcuts:             ' '

    orderingRules:         '(if (true) then IoStatusIN34 test )

        (if (= IoStatus IoStatusIN34 logisch0) then Ventil27Y1 test )

        (if (= Ventil Ventil27Y1 Geschaltet) then IoStatusOUT32 test )

        (if (= IoStatus IoStatusOUT32 logisch1) then IoStatusOUT7 test )'

    correction:            'ZWISCHENDIAGNOSSE: Beim Anfahren der
                           Punktes fuer den orientierten Spindelstop ist ein
                           Fehler aufgetreten'.
```

Abbildung XII.3 – Objekt

Hier haben wir einen Fehler mit dem Namen "OrientierterSpindelstopAus" definiert. Dieser tritt auf, falls die CNC-Steuerung den Fehlercode I64 liefert. Dann gibt das System eine Zwischendiagnose aus und erhebt in der durch die Reihenfolgeregeln vorgegebenen Ordnung weitere Symptome.

Prozeduraler Aspekt:

Der prozedurale Aspekt tritt bei der Definition von Methoden auf. Wenn Nachrichten an Objekte geschickt werden, dann werden die Antworten mit den beim Objekt deklarierten Methoden berechnet. Das entspricht dem Vorgehen,

daß dem Objekt ein Wert zugewiesen wird, der mittels einer die Methode
repräsentierenden Prozedur berechnet wird. Wir betrachten wieder ein
Beispiel aus §V:

wieIstDeinStatus

"Fragt mittels eines PopUpMenues den logischen Wert eines IO - Signals ab"

|index|

status = nil ifTrue: [index ←   (PopUpMenu labels: 'logisch 1/logisch 0'
        withCRs)

    startUp: #a withHeading: 'Wie ist der I/O-Status des Signals', self
        name, '(',

      (SignalBeschreibung at: self name asSymbol), ')?'
      asText allBold

   index = 1 ifTrue: [status ←   1]

      ifFalse:[status ←   0].

↑   status

Abbildung XII.4 – Methode

Hier wird die Methode "wieIstDeinStatus" deklariert. Zunächst folgt ein Kom-
mentar der (abweichend von der Smalltalksyntax) kursiv geschrieben ist. In
senkrechten Strichen wird eine lokale (in Smallalk *temporär* genannte)
Variable index deklariert. Interessiert ist man am Wert des Objektes "status".
Diesem wird daher eine Nachricht geschickt und es sendet am Schluß als
Antwort schließlich seinen Wert. Das entspricht einem "Return" und ist durch
"↑   status" angezeigt. Dem Prozedurkörper entspricht die Vorschrift, die
Methode zur Berechnung von status zu deklarieren. Die übliche Interpretation
dieser Vorschrift ordnet sich dabei in die Denkweise von Smalltalk ein. So
kann dem Objekt "status" die Nachricht "=" mit dem Parameter "0" gesendet
werden mit dem Resultat "true". Es gibt eine Klasse "Boolean" mit zwei
Subklassen "True" und "False", wobei "true" eine Instanz von "True" ist.

Diesem Objekt wird eine Nachricht "IfTrue" geschickt, deren Auswertung in den Klassen "True" und "False" beschrieben ist. Man kann das ganze aber eben auch relativ naiv lesen. Das wir dadurch erleichtert, daß die verwendeten Zeichen ihre übliche Bedeutung haben; so entspricht etwa "←" der Zuweisung.

Sachwortverzeichnis

Literaturverzeichnis

[Althoff 92]   Althoff, K.D.: Eine fallbasierte Lernkomponent als Bestandteil der MOLTKE-Werkbank zur Diagnose technischer Systeme, infix-Verlag, 1992

[Althoff, Nökel, Rehbold, Richter 88]   Althoff, K.-D., Nökel K., Rehbold R., Richter, M. M.: A Sophisticated Expert System for the Diagnosis of a CNC Machining Center, Zeitschrift für Operations Research (32), 1988, S. 251-269

[Böcher 90]   Böcher, S : Integration der Wissensakquisitionswerkzeuge MAKE und GenRule für die Entwicklung eines technischen Diagnosesystems in MOLTKE, Diplomarbeit, Universität Kaiserslautern, 1990

[Breuker, Wielinga 89]   Breuker J., Wielinga B.: Models of Expertise in Knowledge Acquisition. In: Guida O., Tasso C. (eds.), Topics in Export System Design, Amsterdam: North Holland, 1989, S. 265-295.

[Davis 84]   Davis, R.: Diagnostic Reasoning Based on Structure and Behavior, Artificial Intelligence 24, 1984, S. 347-410

[Ernst 88]   Ernst, T.: Modellierung von technischen Systemen in Smalltalk-80, Projektarbeit, Universität Kaiserslautern, 1988

[Faupel 92]   Faupel, B.: Ein modellbasiertes Akquisitionssystem für technische Diagnosesysteme, Dissertation, RWTH Aachen, 1992

[Forbus 84]   Forbus, K. D.: Qualitative Process Theory, in: D. G. Bobrow (ed.): Qualitative Reasoning about Physical Systems, Amsterdam, 1984

[Forgy 82]   Forgy, L. L.: Rete - A Fast Algorithm for the Many Patterns/Many Objects, Match Problems, Artificial Intelligence 19, S. 17-37, 1982

[Germann 89]   Germann, S.: Prozedurale Implementierung eines Systems zur Fehlerdiagnose im Werkzeugwechsler einer CNC-Maschine in Smalltalk-80, Projektarbeit, Universität Kaiserslautern, 1989

[Gick, Holyoak 80]   Gick, M. L., Holyoak, K. J.: Analogical Problem Solving, Cognitive Psychology, Vol. 12, 1980, S. 306-355

[Gladel-Speicher 88]   Gladel-Speicher, S.: Vergleichende Untersuchung der Integrationsproblematik von Diagnoseexpertensystemen und Tiefenmodellierungssprachen am Beispiel verschiedener, bereits existierender Systeme, Diplomarbeit, Universität Kaiserslautern, 1988

[Goldberg, Robson 83]   Goldberg, A., Robson, D.: Smalltalk-80 - The Language and its Implementation, Addison Wesley, 1983.

[Goldberg 84]   Goldberg, A.: Smalltalk-80 - The Interactive Programming Environment, Addison Wesley, 1984.

[Hauck 89]   Hauck, H.: Aufbau einer Wissensbasis zur Fehlerdiagnose der Werkzeugwechslervorrichtung am Beispiel eines Bearbeitungszentrums, Studienarbeit WZL Aachen, RWTH Aachen, 1989.

[Held 88]   Held, H.-J.: Konzept und Realisierung eines wissensbasierten Fehleranalysesystems für kaltumformende Fertigungseinrichtungen, Fortschritt-Berichte VDI Reihe 10: Informatik/Kommunikationstechnik, Nr. 94, VDI-Verlag, Düsseldorf 1988.

[Kief 87]   Kief, H. B.: NC/CNC-Handbuch 1987, Ingrid Kief Verlag, Michelstadt 1987.

[de Kleer, Brown 84]   de Kleer, J., Brown, J. S.: A Qualitative Physics Based on Confluences, in: D. G. Bobrow (ed.): Qualitative Reasoning about Physical Systems, Amsterdam, 1984

[de Kleer, Williams 89]   de Kleer, J., Williams, B.: Diagnosis with Behavioral Modes, Proc. IJCAI 1989, S. 1324-1330

[Kockskämper 89]   Kockskämper, S.: Diskussion möglicher Wissensrepräsentations- und Inferenzmechanismen zur Fehlerdiagnose eines CNC-Bearbeitungszentrums und deren Implementierung in Smalltalk-80, Diplomarbeit, Universität Kaiserslautern, 1989

[Kolodner 87]   Kolodner, J. L.: Extending Problem Solver Capabilities through Case-Based Inference, Proc. of the 4th Int. Workshop on Machine Learning, 1987

[Leitch, Wiegand 89]   Leitch, R., Wiegand, M.: Temporal Issues in Qualitative Reasoning, in: Proc. ÖGAI-Jahrestagung, Springer Verlag, 1989

[Marchand 90]   Marchand, H.: Aus der Praxis der Wissensakquisition, KI 4 (1990) 2, Oldenbourg Verlag, München.

[Moissiadis 89]   Moissiadis, C.: Repräsentation von Aufbauplänen technischer Geräte und deren Nutzung zur Herleitung kausaler Regeln und modellbasierter Diagnose, Diplomarbeit, Universität Kaiserslautern, 1989

[Möller 86]   Möller, H.: Integrierte Überwachungs- und Diagnosesysteme für numerische Steuerung, Dissertation, Universität Stuttgart, Kapitel 2, 1986.

[Müller 88]   Müller, H.: Minimierung von Maschinenausfallzeiten durch den Einsatz der Ferndiagnose, VDI-Z Special (1988) 2, Nr.3 Oktober 1988.

[Nökel 91]   Nökel, K.: Temporally Distributed Symptoms in Technical Diagnosis, Springer Verlag, 1991

[Pfeifer 88]   Pfeifer, T. u.a.: Aufbau einer Wissensbasis für Fehlerdiagnosesysteme von Bearbeitungszentren, VDI-Z 130 (1988) Nr. 10, VDI-Verlag, Düsseldorf.

[Pfeifer 89a]   Pfeifer, T., Faupel. B.: Knowledge Acquisition - Problems, Experience, Trends Shown by a Diagnosis System for a Machining Center, 14. Symposium on Operations Research, Ulm, 1989.

[Pfeifer 89b]   Pfeifer, T., Beuck, W.: Qualität durch Fehleranalyse verbessern, Industrieanzeiger 111 (1989) 40

[Pfeifer 90a]   Pfeifer, T. u.a.: Die Realisierung von Qualitätsregelkreisen - zentrales Moment der integrierten Qualitätssicherung in Wettbewerbsfaktor Produktionstechnik, VDI-Verlag, Düsseldorf, 1990.

[Pfeifer 90b]   Pfeifer, T.: Aspekte der Erarbeitung und des Transfers von Wissen auf dem Gebiet der Qualitätssicherung, QZ 35 (1990) 4, Carl Hanser Verlag, München.

[Pfeifer 90c]   Pfeifer, T.; Elzer, J.: Measuring drill wear with digital image processing, Measurement 8 (1990) 3.

[Pfeifer 90d]   Pfeifer, T.; Steffen, T.: Die Qualitätsprüfung verbessern, Industrieanzeiger 112 (1990) 84.

[Pfeifer 90e]   Pfeifer, T. u.a.: Werkstückorientierte Meßtechnik prozeßnah gestaltet, VDI-Z 132 (1990) 12, VDI-Verlag, Düsseldorf.

[Pinson, Wiener 88]   Pinson, L.J. Wiener, R.S.: An Introduction to Object-Oriented Programming and Smalltalk-80, Addison-Wesley, 1988.

[Puppe 87]   Puppe, F.: Diagnostisches Problemlösen mit Expertensystemen, Springer Verlag, 1987.

[Puppe 88]   Puppe, F.: Einführung in Expertensysteme, Springer Verlag, Berlin, 1988.

[Rehbold 89]   Rehbold, R.: Model-Based Knowledge Acquisition from Structure Descriptions in a Technical Diagnosis Domain, Proc. Avignon 1989

[Rehbold 91] Rehbold, R.: Integration modellbasierten Wissens in technische Diagnostik-Expertensysteme, Dissertation, Universität Kaiserslautern, 1991

[Richter 89]   Richter, M.M.: Prinzipien der Künstlichen Intelligenz, Teubner Verlag, 1989.

[Schneider 88]   Schneider, H.-J.: Erhöhung der Verfügbarkeit von hochautomatisierten Produktionseinrichtungen mit Hilfe der Fertigungsleittechnik, Dissertation, Universität Karlsruhe, 1988.

[Stadler, Weß 89]   Stadler, M., Weß, S.: Konzept und Implementierung eines fallbasierten, analogieorientierten Inferenzmechanismus und dessen Integration in ein regelbasiertes Expertsystem zur Diagnose eines CNC-Bearbeitungszentrums, Projektarbeit, Universität Kaiserslautern, 1989

[Stauß 87]   Stauß, P.: Moderne Diagnosehilfsmittel und erhöhter Bedienkomfort für NC-Werkzeugmaschinen, KfK-PFT-Bereicht 129, Kernforschungsanlage, Karlsruhe, 1987.

[Stefik, Bobrow 86]   Stefik, M., Bobrow, D.G.: Object-oriented Programming: Themes and Variations , AI Magazine , Vol. 6, Nr. 4, 1986, S. 40-62.

[Traphöner 92]   Traphöner, R.: Ein Konzept zur Verarbeitung von Erfahrungswissen, Projektarbeit, Universität Kaiserslautern, 1992

[Vilain, Kautz 86]   Vilain, M., Kautz, H.: Constraint Propagation Algorithms for Temporal Reasoning, Proc. AAAi-86, 1986

[Voß 87]   Voß, H.: Representing and Analyzing Causal, Temporal, and Hierarchical Relations of Devices, Dissertation, Universität Kaiserslautern, 1986

[Vossloh 88]   Vossloh, M.: Modellgestützte Früherkennung und wissensgestützte Diagnose von Fehlern and Werkzeugmaschinen, beispielhaft dargestellt an Drehmaschinen, Carl Hanser Verlag, München, 1988.

[Weck 85a]   Weck, M.: Werkzeugmaschinen-Band 1: Maschinenarten, Bauformen und Anwendungsgebiete, VDI-Verlag, Düsseldorf, 1980.

[Weck 85b]   Weck, M.: Werkzeugmaschinen-Band 3: Automatisierung und Steuerungstechnik, VDI-Verlag, Düsseldorf, 1985.

[Weck 90]   Weck, M. u.a.: Wege zur Verkürzung der Inbetriebnahme- und Stillstandszeiten komplexer Produktionsanlagen in Wettbewerbsfaktor Produktionstechnik, VDI-Verlag, Düsseldorf, 1990.

[Wernicke 90]   Wernicke, W.: Ein System zur Verarbeitung von Erfahrungswissen in MOLTKE, Diplomarbeit, Universität Kaiserslautern, 1990

[Zimmer 89]   Zimmer, B.: Analyse vorhandener Möglichkeiten von CNC-Steuerungen zur Fehlerdiagnose, Studienarbeit, WZL, RWTH Aachen, 1989

If you have any concerns about our products,
you can contact us on
ProductSafety@springernature.com

In case Publisher is established outside the EU,
the EU authorized representative is:
**Springer Nature Customer Service Center GmbH
Europaplatz 3, 69115 Heidelberg, Germany**

Printed by Libri Plureos GmbH
in Hamburg, Germany